よくわかる

パーソナル
データの
教科書

森下 壮一郎 編著

高野 雅典　多根 悦子　鈴木 元也 共著

Ohmsha

〈編著者略歴〉

森下 壮一郎 （もりした・そういちろう）

担当：第1章、第2章、第3章、第4章、第5章、第6章、第8章、第9章

2005年埼玉大学大学院理工学研究科博士後期課程中退。2009年同大学博士（工学）。東京大学、電気通信大学、理化学研究所を経て、2016年より株式会社サイバーエージェントに勤務。メディアサービスの社会的受容性の調査やユーザーデータ分析などに従事。著書に『データマイニングエンジニアの教科書』（C&R研究所、編著）。

〈著者略歴〉

高野 雅典 （たかの・まさのり）

担当：第1章、第2章、第9章、第10章

2009年名古屋大学大学院情報科学研究科博士課程修了。博士（情報科学）。株式会社サイバーエージェント Multi-disciplinary Information Science Center (MISC) リサーチャー。専門は計算社会科学・複雑系科学。システムインテグレータを経て、株式会社サイバーエージェントに勤務。スマートフォンゲームの開発・運用に携わったのち、現在は自社事業に関するデータ分析と計算社会科学研究に従事。著書に『計算社会科学入門』（丸善出版、分担執筆）、『データ活用のための数理モデリング入門』（技術評論社、共著）、『データマイニングエンジニアの教科書』（C&R研究所、共著）など。

多根 悦子 （たね・えつこ）

担当：第7章

2020年東京大学大学院総合文化研究科単位取得満期退学。専門は科学技術社会論。研究テーマは、不確実性下におけるステークホルダー間の責任と信頼の関係からみたパーソナルデータの社会的受容性について。実務では国内IT企業にて経営企画、新規事業立ち上げなどの業務に携わったのち、現在は電気通信事業者にてマーケティングおよびカスタマーコミュニケーション領域でのデータ活用に従事。

鈴木 元也 （すずき・もとや）

担当：第8章、第9章

株式会社サイバーエージェント Media Data Tech Studio 内 Data Science Center 所属。おもにB2B向け受託分析の会社を経て、2017年中途入社。修士（商学）。メディアサービスにて意思決定のための分析レポーティングや機械学習システムの改善支援、ビジネスメンバーへの分析アドバイザリーなどを行う。

推理小説を読んでいて、こんな記述に出くわしたことがあります。

不可解にも扉が閉ざされている場合、それは『何らかの方法で』閉じられたのだと解すべし

米澤穂信『折れた竜骨』

　なんと推理小説なのに「不可解な謎を解明しないでよい」と主張しているのです。なかなか斬新です。もっともこの作品はちゃんとした推理小説なので真相がきちんと読者に提示されますが、ひるがえって日常生活では謎を謎のままにしてしまっていることがよくあります。

　たとえば Web サイトを閲覧しているときに、自分の居住地や現在位置をずばりねらい撃ちするような広告が表示された経験はないでしょうか。インターネット広告事業者は、一体どうやって位置情報を得たのでしょう。位置情報にかぎらず、個人に関する色々な情報がいつの間にか事業者に取得されています。さながら現代は「不可解にも個人情報が取得されている場合、それは『何らかの方法で』取得されたのだと解すべし」という時代です。

　本書は、そんな現代で個人情報やパーソナルデータとどのように向き合っていくべきか考えるためのよすがとなる知識を分野横断的に扱っています。第 1 章と第 2 章では、専門用語としての「個人情報」と「パーソナルデータ」の違いについて述べながら、もはやあらゆるパーソナルデータが『何らかの方法で』取得されてしまい、その活用分野は多岐にわたり予測もつかないことを実例を挙げて述べています。第 3 章と第 4 章では、パーソナルデータを適切に扱うために必要な知識や考え方について、データにまつわる諸々の権利に着目しながら解説しています。第 5 章では、パーソナルデータを取得する『何らかの方法』を謎のままでよしとせず、技術的に踏み込みながらも平易に説明しています。第 6 章と第 7 章で

は、消費者から信頼されて社会的に受け入れられるパーソナルデータの活用について、サービス事業者と消費者とのそれぞれの観点から考察しています。第8章と第9章では、実践的なデータ利用の手順と応用例を示しています。第10章では、パーソナルデータの活用によって社会にもたらされるさまざまな副作用について、学術論文を参照しながら述べています。

　本書が対象とする読者は、おもにパーソナルデータを使ったサービスを企画・運営する企業のサービスプロデューサーやプロダクトマネージャーですが、データ処理を受けもついわゆるデータサイエンティストや機械学習エンジニアの方々にも、法制度などについての学習のみならず、非専門家に対して技術的な説明をするための教材として役立てていただけるものと思います。また、一般の消費者にとっても、自分のパーソナルデータがどのように事業者に使われているのか気になる向きには格好の読みものです。

　ところどころ堅苦しい箇所もありますが、基本的には皆さまにとって身近な話題です。どうぞ肩の力を抜いて、読みやすいところからお読みください。

　2022年6月

森下　壮一郎

目　次

第**5**章 データ収集と処理に使われる技術   **83**

第**1**章
パーソナルデータってなんだろう？

　パーソナルデータとは、一体なんでしょうか。個人情報とは違うのでしょうか。なんとなくしかわからない方も、本章を読めば、パーソナルデータがどんなもので、個人情報とどう違うのかがわかります。まずは身近な、コンビニでの買い物を例にして説明します。そののち、パーソナルデータによってどのようなことが可能になるのか、具体例を挙げて説明していきます。

1.1　パーソナルデータの定義

　本書は書名に「パーソナルデータ」と冠してはいますが、データの取り扱いなどの技術的な話題だけではなく、むしろその周辺の話題を題材にしています。本書のテーマはずばり、**コンビニでいつも同じものを買っているとあだ名がつけられること**についてです。さらに、**そういったことはどの程度どの範囲まで許容されるのか**について深く論じています。

　なぜそんなことがテーマになるのでしょうか？　コンビニでよく見る風景を例に挙げながら説明します。

　コンビニでのアルバイト経験がある人に話を聞くと、いつも同じ商品を買う常連客には、その商品にちなんで「ツナマヨさん」といったあだ名がつくそうです。多くの場合、バックヤードであだ名で呼ばれていることを本人は知るよしもありません。しかし、ときには本人に影響を及ぼします。たとえばレジでのタバコの銘柄指定が「いつもの」で通じるようになった場合です。便利だという人もいますし、逆に顔を覚えられていることを薄気味悪く感じて、次からいかなくなってしまう人もいます。なかなか難しいものです。

　もっとも「顔を覚えられたくない」という人でも、一時的にはむしろ覚えてもらったほうがよいシチュエーションもあるでしょう。たとえばレジが混んでいるときに、お弁当の「温め」をお願いすると、「横にずれてお待ちください」と一旦レジから離れて待つようにいわれることがあります。このとき、もし店員が顔を覚えなかったら、受け取るときにいちいち「あなた、これ買ったご本人ですか？」と確認されたり、あるいはたまたま近くにいた別の人に渡されたりして、非常に不都合です。

　実際にはそんなコントのようなことにはならず、同じ人とみなされて、さらに別の人とは区別されて、きちんとお弁当を受け取ることができます。このように「同じ人は同じ人と認識する」と同時に「違う人は違う人と区別する」ことを、**個人の識別**といいます。お弁当の受け渡しは、個人が識別されることで初めて成り立っていたのです。

　前述の「コンビニでいつも同じものを買っているとあだ名がつく」の例も、個人の識別によるものです。「いつもツナマヨを買っていく常連客」を、日をまたいでも、服装が変わっても、「同じ人は同じ人と認識する」ことで、初めて「ツ

ナマヨさん」と呼ぶことができます。このとき、同時に「違う人は違う人と区別する」ことが大事です。たまたまツナマヨを買った別の人も「ツナマヨさん」と呼んでしまったら、「違う人は違う人と区別する」ことをきちんとやっていないわけですから、不十分な個人の識別ということになります。

このように考えると『タバコの注文が「いつもの」で通じること』も、「個人が識別されている」状態の典型例だったことがわかります。もっとも、行きつけのコンビニで「いつもの」が通じて嬉しい人でも、別の街のコンビニで同じような対応をされると「手配書でも出回っているのか」と、さすがにびっくりします。

実店舗でこのような経験をすることはまずありませんが、インターネット広告ではこれに近い経験をすることがあります。たとえばネット通販で買い物をしたあと、まったく別の Web サイトを訪れているにもかかわらず、さきほど買った商品の広告が現れることは日常茶飯事です。これも「個人が識別されている」からこそ起きる状況です。

ここまでに例として挙げた「個人の識別」は、程度や範囲に応じて次のように整理できます。

- **まったく識別されない**
  温めたお弁当の受け渡しにも本人確認を要する
- **一時的に識別される**
  レジから離れても温めたお弁当を受け取れる
- **識別される**
  バックヤードで「ツナマヨさん」と呼ばれる
  タバコの注文が「いつもの」で通じる
- **場所をまたいで識別される**
  （実際にあるかはともかく）別の街の店舗でも同じように対応される
  （インターネットで）別のサイトで買った商品の広告が現れる

ここに至ってようやく、パーソナルデータとはなにかを説明できます。**パーソナルデータ**とは、**個人が識別されたうえで収集されたデータ**を指します。上の例でいえば、「ツナマヨさん」がいつもツナマヨを買っていることも、常連客がいつも買っているタバコの銘柄も、ネット通販の買い物履歴も、個人を識別したうえでデータとして収集すれば、すべてパーソナルデータです。

ところで、個人の識別において、実は「同じ人を同じ人と認識する」ことは

あまり厳密には行われないケースが多くあります。たとえば、お弁当の受け渡しで「同じ人を同じ人と認識する」必要があるのはお弁当を渡すときまでで、次回来店時に同じ人だと認識する必要はありません。

　インターネットで別のサイトで買った商品の広告が現れる場合でも、個人の識別は厳密ではありません。インターネット広告はスマートフォンなどの端末に表示するものですから、実際に行われているのは「同じ端末を同じ端末と認識する」こと、すなわち端末を識別することであって、厳密には個人を識別していません。それでも便宜的に、このような場合でも「個人を識別する」といいます。

　なお、そこを厳密にしようとすると、単に「個人を識別する」だけでなく「特定の個人を識別する」ことが必要になります。上の説明における個人の識別では、誰だかわからなくても「同じ人を同じ人と認識する」だけで十分でした。一方、「特定の個人を識別する」とは、誰だかわかったうえで個人を識別することを指します。日本の個人情報保護法はこの考え方に基づいていて、**特定の個人を識別できる情報**を**個人情報**と呼び、それに**対応するデータ**を**個人データ**と呼びます（詳細な定義は本書の第 3 章で示します）。

　パーソナルデータは、特定の個人を識別する必要はなく、それこそ「ツナマヨさん」レベルの個人の識別で十分であり、さらに端末の識別のような、厳密には個人を識別しない方法で収集されたデータも含みます。したがって、個人情報や個人データよりも大分広い概念です。

　ちなみに、総務省による『平成 29 年版 情報通信白書』では、次のように説明されています [1]。

　「パーソナルデータ」とは、個人情報に加え、個人情報との境界が曖昧なものを含む、個人と関係性が見出される広範囲の情報を指すものとする。

　この説明だと個人情報との関係は示されているのですが、より本質的な性質である「個人が識別されている」というニュアンスが含まれていません。別の例を参照してみましょう。EU 一般データ保護規則（**GDPR**：General Data Protection Regulation）では、personal data が次のように説明されています*1。

---

*1　一般財団法人日本情報経済社会推進協会による仮日本語訳 [2]。

識別された又は識別され得る自然人（以下「データ主体」という。）に関するあらゆる情報を意味する。

　ここでの「識別」は、前後の文脈を読むと、実は「特定の個人として識別」というニュアンスです。したがって「ツナマヨさん」レベルの個人の識別は含まないと考えることもできそうですが、「識別された」だけではなく「識別され得る」ものも含むので、やはり日本の個人情報保護法の個人情報や個人データよりも広い概念になることは間違いないでしょう。

　ここまでの説明で、本書で「パーソナルデータ」として扱うものの範囲の広さをイメージしていただけたと思います。以上を踏まえて冒頭で述べた本書のテーマを言い換えると、**個人が識別されたうえで収集されたデータが利用されることにより、本人および社会にどのような影響があるのか**ということになります。

　次の節では、このテーマについて具体的に考えるために、現在実際に行われているパーソナルデータの活用例をいくつか示します。

1.2　パーソナルデータでできること

1.2.1　アイテム推薦

　パーソナルデータの活用事例として最も身近なものの1つが**アイテム推薦**でしょう。E-Commerce サイト（EC サイト）で商品を探しているときや動画サイトで動画を見ているときに、「あなたへのおすすめ」や「この商品を買った（動画を見た）人はこんな商品も買って（動画も見て）います」といった形で商品や動画、つまりアイテムを推薦されることは多くの人が経験していると思います。

　アイテム推薦にはサイトの利用者の利用履歴などのデータが用いられています。ここでは非常に単純化して、どんなことをやっているか簡単に紹介します。

　あるユーザーへの「あなたへのおすすめ」は、そのユーザーとよく似た利用履歴（たとえば商品購入履歴）をもつユーザーのデータを利用しています。対象のユーザーとよく似た利用傾向をもちつつ、そのユーザーがまだ利用したことのないアイテムを、よく似たユーザーたちから探してきて推薦するわけです。ユーザー間の類似度を用いてアイテムを推薦するため**ユーザー to アイテム推薦**と呼ばれます。

　「この商品を買った人はこんな商品も買っています」は、ユーザーがいま見ているアイテムと類似した被利用履歴のアイテムを探してきて推薦をします。アイテム間の類似度を用いてアイテムを推薦するため、**アイテム to アイテム推薦**と呼ばれます。

　膨大なアイテムが存在し、また常に増え続ける EC サイトや動画サイトでは、アイテム推薦は不可欠なものになりつつあります。ユーザーはすべてのアイテムを精査・評価することはできませんし、サイト運営者としても、検索だけではなかなかたどり着けないアイテムをユーザーに紹介し幅広く利用してもらうことは重要です。売上や各種 KPI[*2] との関連も強いため、非常に活発な研究・開発がされており、さまざまなアルゴリズムやシステムが提案・利用されています。

1.2.2　ターゲティング広告

　ターゲティング広告も、最も身近なパーソナルデータ活用事例の 1 つです。インターネット広告はネット上のさまざまな場所でみられ、それを目にせずにインターネットを利用することはほとんど不可能だといえます。それはインターネットで無料で利用できるアイテムやサービスの多くが、インターネット広告によって収益を得ているからです。

　ターゲティング広告において、サイトの利用者がその広告に関心をもつか（クリックしそうか）は重要な問題です。せっかくサイトに広告を表示しても利用者が関心をもたなければ、その広告は無駄になり収益にならないからです。そのため広告のクリック率（**CTR**：Click Through Rate）や、クリックしたあとに商品購入やユーザー登録する確率（**CVR**：Conversion Rate）を、できるだけ正確に予測するためにパーソナルデータが活用されています。

　基本的なしくみはアイテム推薦と同様で、広告のクリック傾向が似たユーザーのデータを使って表示する広告を決めたり（ユーザー to アイテム推薦）、あるサイトの利用者たちの広告クリック傾向からそのサイトに表示する広告を決めたりします。インターネット広告のしくみは非常に複雑で、さまざまな会社がさまざまな役割を担っています。

---

*2　Key Performance Indicator の略。重要業績評価指標。ビジネスにおいて、業績を管理するために用いられる指標のこと。

1.2.3　コンテンツ監視

　たとえばブログ記事の投稿など、ユーザーがサービスにコンテンツを投稿できる場合、不適切な利用がないかサービスはユーザーの振る舞いを監視する必要があります。たとえば、ブログサービスにおけるヘイトスピーチを含んだ記事、ブログ投稿者に対する誹謗中傷コメント、マッチングサービスにおける売買春や詐欺行為、禁止されている性的なコンテンツの投稿などがそれに該当します。

　監視する場合には、利用規約にて禁止行為とユーザーの振る舞い（記事やコメントの投稿など）を監視する旨を明示したうえで、禁止行為に関わるユーザーの振る舞いを監視します。これもパーソナルデータの活用例といえます。

　たとえば、テキストデータの監視の最もシンプルなケースでは、禁止行為に関わる単語リストを作成し、その単語を含む投稿テキストをフィルターで抽出し、それを人が確認して、禁止行為だった場合、コンテンツの削除やユーザーのアカウントの凍結などが行われます [3]。このフィルターに**機械学習**[*3]を用いることもありますし、フィルターの精度が高く禁止行為対処のミスに大きな影響がなければ、人の監視を介さず、フィルターのみで対処可能な場合もあるかと思います。画像や動画が対象の場合も、フィルターに**画像認識**[*4]の技術が用いられることを除けば基本的に同様です。

1.2.4　人流解析

　人の位置・移動情報は、さまざまな領域・場面で活用されています [4]。たとえば、混雑するイベント会場などの限定された空間では、運営が提供するアプリと会場に配置されたセンサーによって、運営はアプリをインストールした来場者がどこにいるかというデータを収集・分析することができます。これを用いることで、会場の混雑度マップ（現在の混雑度や一定時間後の推定結果）を来場者へ提供するような試みがされています [5]。

[*3]　データ分析手法の１つ。データを学習することで特定のパターンを発見するもので、さまざまなサービスに応用されています。詳しくは p.51 参照。
[*4]　写真やイラストなどの画像に写っているものがなにか、コンピューターが判断するための技術。

　また、公共交通機関の乗換案内アプリの検索履歴データを用いることで、駅や地域の混雑状況を予測することができます [6]。たとえば花火大会などの大規模なイベント開催地域周辺の混雑状況が推定できれば、イベント主催者にとって有用でしょう（警備や案内の配置最適化など）。

　スマートフォンの普及によって、位置情報データの利活用の幅が劇的に広がりました。スマートフォンに搭載されている GPS や、スマートフォンが接続している基地局の情報を用いることで、非常に広い範囲の多くの人の位置情報やその移動経路を収集することができるようになりました。

　NTT ドコモは、携帯電話ネットワークから得られたデータをもとに、エリアごとにどのような属性の人がどの程度いるかのデータを提供しています [7]。このようなデータは、防災計画・交通・街づくり・マーケティングなど、さまざまな場面で有用でしょう。国立情報学研究所（**NII**：National Institute of Informatics）の水野准教授ら [8] は、このデータを用いることで、コロナ禍における各属性の外出自粛率を推定し、感染抑制効果の評価や各自治体に合わせた感染症対策のための基礎データを提供しました。

　このように、さまざまな方法で、位置・移動情報は収集・活用されています。前述のアイテム推薦やターゲティング広告より個々人の生活に密着したデータであるため、さまざまな活用用途が考えられる一方で、その取り扱いにはより注意が必要でしょう。

1.2.5　接触確認アプリ

　2019 年から現在（本書執筆時点、2022 年春）に至るまで、新型コロナウイルスが世界的に大流行して、いまなお大きな問題になっています。新型コロナウイルスの感染対策には、ワクチン・マスクの着用・手洗いなどさまざまなものがありますが、そのうちの 1 つが、感染者と接触した人を早期に発見して、その人たち（感染の可能性がある人たち）がほかの人と接触してさらに感染が広がってしまうクラスター感染を防ぐことです。

　クラスター感染による感染拡大をいち早く止めるために、各国で接触確認アプリが検討・開発・導入されました。日本では COCOA という iOS・Android アプリケーションが厚生労働省からリリースされています。

　感染を防ぐことが可能な一方で、自分が誰と接触したかという情報は、利用者にとって提供したいデータとはいえないでしょう。日本・ドイツ・イタリア・スイス・エストニアでは、個人を特定せずユーザーの端末（スマートフォン）で接触履歴を管理するという、ほかの国と比べて最もプライバシーに配慮した形で実装されています [9]。

　COCOA では、接触履歴はユーザーのスマートフォンで管理され、運営者が管理するサーバーには保存されません。ユーザー間の接触は、スマートフォンのBluetooth 機能を使って、15 分以上継続して接触した場合に端末固有のランダムなコードが相互に保存されます（このコードは 14 日間経過後に破棄されます）。新型コロナウイルスに感染したユーザーが感染情報を COCOA に入力すると、そのユーザーの過去 14 日間のコードが公開されます。そのコードを各ユーザーのCOCOA アプリが定期的に確認することで、COCOA ユーザーは自分が罹患者と接触したことを知ることができます。

　残念ながら、日本ではプライバシーの問題ではなく、運用上の問題（致命的なバグがしばらく改善されないことや、感染登録が当事者の善意に基づき、かつそれが非常に煩雑であることなど）によってあまり普及しませんでしたが、人との接触履歴や感染症罹患履歴という場合によっては非常にセンシティブなデータを、プライバシーを可能なかぎり守り、かつ目的達成可能な形で活用するという、大変興味深い社会実装例であったといえます。

1.3　本書の構成

　本章では、パーソナルデータを「個人が識別されたうえで収集されたデータ」と位置づけて、その分析によってどのようなことができるのか、具体例をいくつか挙げながら簡単に述べました。パーソナルデータを収集したり利用したりする技術の発展によって、個人の生活だけでなく、社会全体が豊かになることが期待されます。しかし、新しい技術によってもたらされるものが、よいことばかりでないのが世の常です。

　以下、第 2 章では、パーソナルデータの活用が社会的に問題になった事例を列挙しながら、適正な利用のために注意するべき点について論じます。第 3 章では、個人情報保護法制のもとでの、パーソナルデータの適正な利用のためのルールについて示します。第 4 章では、個人情報保護法制以外の観点から、パーソナルデータにまつわる権利について説明します。第 5 章では、パーソナルデータ収集周辺の技術について、情報学の基礎に立ち返って論じています。第 6 章では、パーソナルデータ活用の社会的受容性について調査の結果を、その調査のもとになった信頼概念を説明しながら紹介します。第 7 章では、消費者視点からのパーソナルデータ活用のベネフィットやリスクについて詳述し、さらに事業者の責務について示します。第 8 章では、適正なデータ利用のための手続きについて、そのねらいと考え方を示しながら手順を述べます。第 9 章では、第 8 章で述べた手順に基づく応用事例を具体的に示します。第 10 章では、以上で論じた視点を広げて、パーソナルデータ活用が社会全体に及ぼす副作用について論じます。

参考文献

[1] 総務省 (2017)「平成29年版情報通信白書」、URL：https://www.soumu.go.jp/johotsusintokei/whitepaper/ja/h29/pdf/index.html、2022年1月閲覧。

[2] 一般財団法人日本情報経済社会推進協会 (2016)「個人データの取り扱いに係る自然人の保護及び当該データの自由な移転に関する欧州議会及び欧州理事会規則（一般データ保護規則）（仮日本語訳）」、URL：https://www.jipdec.or.jp/library/archives/gdpr.html、2022年1月閲覧。

[3] 上田紗希 (2022)「ビグパーティにおける Orion フィルターの候補キーワード抽出」、『株式会社サイバーエージェント秋葉原ラボ技術報告』、第4巻、30–36頁、URL：https://www.cyberagent.co.jp/akihabaralabo/paper/、2022年1月閲覧。

[4] 上田修功 (2018)「時空間データ解析技術とその集団最適誘導への応用」、『電子情報通信学会通信ソサイエティマガジン』、第12巻、第1号、21–28頁、6月、DOI: 10.1587/BPLUS.12.21。

[5] NTT (2016)「「ニコニコ超会議2016」に「NTT超未来大博覧会2016」を出展「niconico event+」を通じた、人流予測・誘導実験もさらなる強化 | ニュースリリース | NTT」、URL：https://group.ntt/jp/newsrelease/2016/04/25/160425a.html、2022年1月閲覧。

[6] ヤフー株式会社 (2018)「Yahoo!乗換案内のデータで未来の混雑を予測する - Corporate Blog - ヤフー株式会社」、URL：https://about.yahoo.co.jp/info/blog/20180219/bigdata-report.html、2022年1月閲覧。

[7] NTTドコモ (2019)「モバイル空間統計に関する情報 | 企業情報 | NTTドコモ」、URL：https://www.nttdocomo.co.jp/corporate/disclosure/mobile_spatial_statistics/、2022年1月閲覧。

[8] Takayuki Mizuno, Takaaki Ohnishi, and Tsutomu Watanabe. (2021) "Visualizing Social and Behavior Change due to the Outbreak of COVID-19 Using Mobile Phone Location Data", *New Generation Computing*, Vol. 39, No. 3-4, pp. 453–468, 11, DOI: 10.1007/S00354-021-00139-X/FIGURES/10.

[9] 厚生労働省新型コロナウイルス感染症対策推進本部・内閣官房新型コロナウイルス感染症対策テックチーム事務局(2020)「新型コロナウイルス接触確認アプリ（COCOA）」。

第2章
パーソナルデータの事件簿

　本章では、パーソナルデータを用いることによって発生した問題を紹介します。具体的な事例とその問題点を概観することで、パーソナルデータを適切に活用するために、さまざまな観点からの確認・対策が重要であることを示します。

2.1　知られたくないことを知られる・利用される

　個人に関するビッグデータや機械学習技術の発展によって、思わぬデータから個人的な情報を推定（**プロファイリング**）することが可能になってきました。たとえば、Facebook の「いいね」の履歴を用いるだけで、人種や性別のみならず、性的マイノリティであるかどうかまで推定できます [37]。また、Twitter の投稿内容を用いても、同様に、性別や年代、趣味嗜好などの推定が可能 [1] であることが指摘されています。このような履歴データからのプロファイリングと利用を不適切に行った結果、問題になった事例を 2 つ紹介します。

　1 つは、就職活動支援サイトにおける内定辞退予測スコアの算出と、企業への提供です。これは、就活サイト利用者の閲覧履歴と、その利用者の内定承諾と辞退のデータを用いて利用者の内定辞退率を予測し、企業に提供するというサービスです。このサービス利用に契約した企業は、前年度の就活生の内定承諾・辞退のデータを提供し、今年度の内定者に関して予測スコアの提供を受けました。

　いうまでもなく、就職活動中の人の「内定を辞退するつもりか否か」は知られたくない情報であり、さらに、内定辞退が確定していない段階で知られることは、当事者に大きな不利益をもたらすことが容易に予想されます。また、内定辞退はあくまで予測結果であるため、内定を辞退するつもりのない人が内定辞退するつもりだと誤認されることは大いにあるでしょう。今後の人生を左右しかねないライフイベントにおいてユーザーに大きな不利益を与えかねない機能であり、大きな問題となりました。

　個人情報保護委員会は、この事業に伴う採用企業からの個人情報の提供において、個人情報保護法上で違法になるパターンがあり、また直ちに違法とはいえなかったパターンでも「法の趣旨を潜脱する」ものであったという指摘を行いました。とくに後者のパターンについては令和 2 年改正個人情報保護法で手当てされて、利用が制限されることになりました。さらに、公正取引委員会が独占禁止法上の考え方として、デジタルプラットフォーム事業者によるユーザーに対しての**優越的地位の濫用**に当たる、という指摘を行いました [2]。普通は BtoB の事業で指摘される問題である優越的地位の濫用という考え方が、BtoC の事業にも適用されたというのは興味深いところです。

　もう 1 つは、世界的にも大きな問題となった、選挙コンサルティング会社による Facebook ユーザーのデータを用いたマイクロターゲティング広告による選挙広告です。コンサルティング会社は Facebook アプリとして性格診断ゲームをリリースし、ゲームの利用者とその友達の公開データを収集しました。利用者はゲームをするためにデータの利用に同意したわけですが、コンサルティング会社は同意なくそのデータを政治広告に使用し、問題となりました。Facebook 社は、十分な対策なく不正利用可能なプラットフォームを提供したとして謝罪し、罰金を支払いました。また、この事件以降、Facebook アプリによるデータ取得は、厳しく制限される形で適正化が図られました。このような問題は**意思決定のプライバシー**の問題として扱われます。耳慣れない言葉ですが、この詳細については第 3 章で述べます。

　また、法的・研究倫理的に問題がなかったにもかかわらず問題になった事例として、「顔写真から同性愛者か否かを判定する機械学習モデルの開発の研究」があります [3]。2018 年、人工知能の研究者らが、顔写真からその人が異性愛者か同性愛者かどうかを機械学習によって推定可能であることを示しました。データにはアメリカのマッチングサイトで公開されていたプロフィール写真と、プロフィールに記載されていた性的指向の情報を用いています。この研究は研究倫理の観点から倫理審査委員会の承認を得ており、研究の手続きとしては一般的で問題のない手続きを経て実施されたといえます。また、研究の目的は「顔写真だけでも性的指向が推定できる危険性がある」ということを示し警告を発することであり、直ちに不適切とはいえないでしょう。

　一方で、マスメディアや SNS、とくに LGBTQ コミュニティから多くの反発・非難がありました。隠している性的指向を暴かれる（**アウティング**）という危険をもたらすと捉えられてしまったのです。

　この研究の倫理学的な議論については、文献 [4] の第 1 章も参照してください。

2.2 公的機関から監視される

ビッグデータというキーワードの流行以降、「**監視社会**」化を懸念する声がよく聞かれるようになりました。ここではおもに国家・自治体や警察組織・軍など公的機関によって一般人の行動や政治志向がつぶさに監視され、問題行動を事前に抑え込もうとすることについて考えます。

公的機関が個人に関わる情報を収集する目的には、犯罪行為の検知や未然防止、利便性向上（行政処理の簡易化・公共機関の最適配分など）、社会の状況の把握（感染症の動向・経済活動など）が挙げられます。一方で、公的機関による情報の収集と管理は個人の意思に関係なく実施される、または拒否することで著しく不便になるなど、拒否することが難しいという問題があります。

たとえば、日本国内に住民票があればマイナンバーは自動的に付与され、さまざまな行政処理などに使われます。そのため、国家による監視、不正に入手した情報を用いた悪用、個人情報漏えい被害などについての不安の声が挙がっていました [5]。マイナンバーは利用目的を法で規定し、システム・法律の両面から悪用・漏えい対策がなされています [5]。

また、多くの人が利用する公共の施設の監視カメラデータなどは、その施設の利用をやめないかぎり、データ取得への拒否ができません。**情報通信機構**（**NICT**：National Institute of Information and Communications Technology）による「大阪ステーションシティの監視カメラデータを用いて人流の解析をして災害時の避難誘導などに役立てる」という計画がありましたが、この計画への参加拒否は通勤通学経路の変更などが必要になり大きな不便が強いられるため、延期になりました [6]。

中国では、街中・公共施設など公的なエリアに非常に多くの監視カメラが配置され、その映像に顔認証技術を適用することで、国内のほぼすべての個人の識別がされています [7]。これは犯罪捜査 [8] だけでなく、少数民族に対する残虐行為にも用いられていると指摘されています [7]。

ほかにも、新型コロナウイルスの世界的流行に伴い、各クラスターの感染拡大をいち早く止めるために、各国で**接触確認アプリ**が検討・開発・導入されました。新型コロナウイルスは、潜伏期間や無症状・軽症患者でも感染するため、感染が発覚した人と過去 2 週間に接触したことのある人は感染してしまった可能

性があります。その接触者を検査し、行動抑制と隔離をすることによって、感染拡大を防ぐことが接触確認アプリの目的でした。日本では COCOA という iOS・Android アプリケーションが厚生労働省からリリースされています。

　接触確認アプリのデータの管理・取得方法には、どこまで詳細な情報を収集するかにおいて複数の段階があります [9]。シンガポールやオーストラリアでは、個人を特定した形で接触履歴を中央のサーバーに集約します。最も詳細にデータを集約するパターンといえます。これによって当局は感染リスクの高い接触者に直接連絡することが可能になります。とくにシンガポールでは 2021 年 5 月から公共の場所への入退場に接触確認アプリの利用を必須としており、事実上の義務化に近い状態です [10]。

　フランスでは、個人を特定しない形で接触履歴データを中央のサーバーに集約します。フランスでは政府がデータを一元管理することについて国家による監視やプライバシー侵害が懸念され、ほとんど使われることはありませんでした [11]。日本・ドイツ・イタリア・スイス・エストニアでは、個人を特定せずにユーザーの端末（スマートフォン）で接触履歴を管理する形で、最もプライバシーに配慮した形で実装されています。

　この接触確認アプリは、新型コロナウイルスに曝露した可能性のある人の接触追跡を目的とした場合に限定してデータを利用することになっており、利用者はそれに同意してアプリケーションをインストールしています。ところがシンガポール政府は、事実上インストールが義務化されている接触確認アプリで得たデータを犯罪捜査に利用していたことが発覚し、大きな問題となりました [12]。この後、シンガポール政府は特定の犯罪に関して接触確認アプリデータを使用できるようにプライバシーポリシーを変更しました [13] が、政府による個人データ利活用に関して信頼性を大きく損ねることになったいえるでしょう。

　その他の例として、日本を含む多くの先進国では、個人間の通信（手紙・電話・電子メール・LINE や Twitter などのスマートフォンアプリケーションのダイレクトメッセージ）は通信の秘密（4.3 節参照）で保護されており、当事者以外が内容や相手を把握することが禁じられております。一方で、スマートフォンアプリケーションのダイレクトメッセージを用いた未成年の性的被害が近年増加しており [14]、世界各国で大きな問題になっています。このため、アプリケーションに

よっては、未成年と成人のあいだのダイレクトメッセージのやりとりに制限を設けている場合があります（たとえば Instagram [15]）。

欧州委員会ではこの問題の対処として、2021 年 7 月 6 日、運営企業が電子メールおよびダイレクトメッセージを監視すること（**チャットコントロール**）を認める法案を可決しました [16]。さらに、2021 年秋には監視が義務化される見通しです [17]。こちらも間接的とはいえ政府が市民を監視する形となっており、また監視を拒否することもできないため、通信の秘密・プライバシーを侵害するものとして大きな反発を受けました [17, 18]。日本では、利用者の個別の明確な同意のもと、同意を得た目的（青少年保護など）に限定して、ダイレクトメッセージを運営企業が監視することを推奨しています [19]。

このように、メッセージングアプリケーションにおけるメッセージの内容は通信の秘密として保護され、適切に取り扱われることが期待されます。しかし、2021 年 3 月、LINE の個人データの一部が中国および韓国の関連企業からアクセス可能だった問題が報道により指摘されて、物議を醸しました。当初はおもに中国からのアクセスが問題視され、直ちに遮断されました。その後に開催された第三者委員会や記者会見においては、メッセージに付随する写真や動画などのメディアデータの多くが韓国のサーバーに保存されていたことや、そのデータに対するアクセス権が焦点になりました。

同年 4 月、個人情報保護委員会による行政指導の内容が報告され、「業務委託先の外国の第三者への提供にあたって国名の明記は必要なかった」との見解が示されたものの、令和 2 年改正個人情報保護法で手当てされて明記が必要になりました。さらに、総務省による行政指導の報告が行われ、漏えいはなかったものの権限管理が不十分だったこと、社内ツールも社外プロダクトと同様の管理が必要だったこと、メッセージが「通報」された場合にどのように扱われるか説明が不十分だったことが指摘されました。

同年 6 月、第三者委員会による第一次報告が行われ、開発・サービスを提供側の目線から利用者のデータを取り扱い、利用者目線が欠如していることや、行政機関に対して「データを国外に移転していない」という旨の不正確な説明をして

いたこと、さらに移行期間についても不正確な説明があったこと[*1]が問題として指摘されました。

　同年8月の第二次報告では、中国グループ企業への委託関連の検証が行われました。ログの確認により、正規アクセスのみであったがモニタリングはしていなかったことや、日本の利用者の個人情報にアクセス可能だった企業は多く存在し、国家情報法などの**ガバメントアクセス**（政府によるアクセス）のリスクへの対応は必要だったことが指摘されました。また、政策渉外活動で、「すべてのデータが国内で保管される」という事実と異なる説明が行われていたことについて検証され、セキュリティ部門の役職員は国外にデータがあることを認識していたものの、一部の渉外担当の役職員はそれを認識していなかったり、『「主要な」データは国内』という説明で問題ないと考えていたりしたことが明らかになりました。

　同年10月の最終報告では、問題の要点として、ガバメントアクセスのリスクなどの経済安全保障への適切な配慮と事後的にも見直す体制の整備とができていなかったことと、韓国企業との関係を詳らかにしないことでLINEアプリが日本のサービスとして受け入れられることを重視したコミュニケーションをしていたこととが改めて指摘され、企業が客観的な事実を誠実に伝えるという点にコミットすることと、グループ会社全体のグローバルな事業環境に対応したガバナンスが必要であることが示されました。

2.3　自分のデータが利用されることへの同意の有無と実態

　一般に、事業者がパーソナルデータを取得・活用する場合には、目的や保存・活用方法の公表や通知が必要です。そのため、ユーザーがアプリケーションを使い始める前には、それらが示された利用規約の提示とそれに対する同意の要求が行われます。

[*1]　「トークデータを完全に国内に移転する」と説明していましたが、スケジュールが「2024年上半期まで」と一般ユーザーの想定外の長さでした。その後、前倒しで2021年8月までに移行作業が完了しました。

　ユーザーの同意が問題になった事例として、Facebook 上で行われた感情操作実験 [20] があります。これは感情がソーシャルネットワーク上で感染するか否かを調べるために行われた実験です。米国のユーザー約 70 万人を 2 つのグループに分け、一方のグループにはポジティブな投稿が表示されやすく、もう一方のグループにはネガティブな投稿が表示されやすくなる、という操作が行われました。その結果、ユーザーは表示される投稿に影響され、前者のグループのユーザーはポジティブな投稿が、後者のグループのユーザーはネガティブな投稿が増えることが示されました。

　利用規約には、データの利用用途として「調査」が記載されていました。一方で、ユーザーとしては、利用規約に同意した際に、自分自身の感情が操作されることを考慮して同意した人はいないでしょう。そのため、論文掲載後、この感情操作実験は大きな社会問題となり、学術的な雑誌に掲載されたにもかかわらず、さまざまなメディアで取り上げられました（たとえば [21, 22]）。また、法的な問題はなかったものの、研究倫理の観点から**インフォームド・コンセント**[*2]と**オプトアウト**[*3]の機会がないことが問題であると指摘されています [23]。

　また、前述の就活サイトによる内定辞退率予測問題も、同意の問題という側面をもっています。本問題を念頭に置いて就活サイトの当時のプライバシーポリシーを見てみると、内定辞退率の予測も、それの企業への提供についても記載されている（同意を得ている）ようにも見えます[*4]。一方で、この問題発覚前に内定辞退率を予測されることを想定して、プライバシーポリシーに同意して利用開始した人はまずいないでしょう。このプライバシーポリシーの本件に関する部分は具体性に欠け、その不明確さに問題がある（有効な同意でない）ことが指摘されています [24, 25, 26]。

　また、特定領域でほぼ支配的なサービスの場合、利用しない選択肢が形式上はあるものの、実質的には利用せざるを得ないケースがあります。たとえば、検索

[*2]　十分な説明と、それを受けたうえでの同意のこと。こういった実験のほか、医療行為などにおいて用いられる概念。被験者に対して当該実験や医療行為がどのような内容でどのような影響を与えるか説明したのち、本人の同意を得る。

[*3]　ここでは、データの提供を拒否すること。「会員からの脱退」を意味する言葉で、希望していないにもかかわらず送られてくる営業メールを拒否することなども該当します。

[*4]　ただし、このプライバシーポリシーを経由しない経路で当該 Web サイトを利用し内定辞退率を算出された（同意を得ていない）ユーザーも存在しました。

エンジンにおける Google、就活サイトのリクナビ、コミュニケーションアプリの LINE、スマートフォンアプリの Google Play や App Store などが挙げられます。

　すなわち、利用規約やプライバシーポリシーに納得していなくても、形式的に同意して、使わざるを得ないということが発生します。このような場合、同意を得ていればよいということではなく、**優越的地位の濫用**として問題になることがあります。前述の文書 [2] において、公正取引委員会は「個人情報などの不当な取得と利用は優越的地位の濫用に当たる」として、類型化して解説しています。たとえば、利用目的を消費者に知らせずに取得すること、利用目的の範囲を超えて利用者の意図に反して取得・利用すること、個人データの適切な安全管理なしに個人情報などを取得すること、などを挙げています。

　前述の内定辞退率予測問題においては、プライバシーポリシーが不明確であることが問題となりました。しかし、仮に明確に記載されていたとしても、就職活動において使わざるを得ないサービスだとみなされれば、優越的地位の濫用にあたる可能性があると指摘されています [27]。

2.4　誰でも手に入るデータによる問題

　2019 年 3 月、官報で公開されている破産者の住所を地図で可視化する Web サイト（破産者情報サイト）が開設され、プライバシー侵害として問題になりました。

　破産者が破産手続によって免責されると、裁判所の公告として、官報に氏名や住所などの個人情報が掲載されます。官報情報はインターネットで無料公開されている[*5]ことから、この破産者情報サイトの運営者は、地図上での可視化は表現方法を変えただけのことで問題にならないという認識だったと主張していました。しかし、Web で激しい批判を浴びたことに加えて、被害対策弁護団が結成されたことを受けて、まもなくサイトは閉鎖されました [28]。

　これで一段落したかと思いきや、2020 年 7 月、上述のものとは別の 2 つの破産者情報サイトが個人情報保護委員会から停止命令を受けました [29]。個人情報保護委員会が初の停止命令を出したということで話題になったので、記憶にあ

---

*5　インターネット版官報（https://kanpou.npb.go.jp/）で公開されており、直近 30 日分は無料でアクセスできます。

る方もいるでしょう。これもやはり、官報に掲載された氏名や住所を転載していたものでした。

　個人情報保護委員会の指摘は、おもに 2 点でした。1 つは、公開情報といえども記録した場合は個人情報の取得にあたるということ、もう 1 つは、それをさらに公開した場合は第三者提供にあたるということで、停止命令を受けたサイトはいずれについても適正な取り扱いをしていませんでした [30]。

　破産者情報サイトの問題は、比較的最近の話題ですが、公開されている個人情報の取り扱いについては過去にも問題になったことがあります。インターネットのドメイン名*6を管理する枠組みである **DNS**（Domain Name System）には **whois** というしくみがあり、これを使うと特定のドメイン名の管理者の氏名や住所、連絡先などの情報を得ることができます。技術的なトラブルの解消のために管理者に連絡を取りたい場合などに使う目的で用意されていたものですが、この情報を用いたプライバシーの侵害*7が 2000 年代の半ばに問題になりました [31]。

　当時は個人情報保護法制が整備されていなかったこともあって、「公開されている情報を使ってなにが悪いのか」といった意見もそれなりに通用していたようです。現在では、公開されている個人情報でも、破産者リストの場合と同様に、個人情報保護法のもとでの適正な取り扱いが必要になりました。また、2018 年の GDPR 施行に伴って、whois の情報の一部が非公開になり、正当な目的をもつ者しかアクセスできなくなりました [32]。

　逆に、公開しても問題なさそうなデータの公開がプライバシーの問題となってしまった事例もあります。それはゲノムワイド関連解析に関するものです。ゲノムワイド関連解析とは、ヒトの遺伝子型と疾患などとのあいだにどんな関連があるかの調査を全ゲノム領域に対して実施するものです。この調査により得られた遺伝情報に統計処理を施したものが公開されていたのですが、「複数の個人の DNA が含まれる混合サンプルに、とある個人の SNP*8が含まれるかどうか検出できる」ということをニルス・ホーマーらが示したことで、統計情報でもプライバシーの問題があることが明らかになり、その公開は停止になりました [33, 34]。

---

*6　インターネット上のホストを指し示す「example.com」といった名前。
*7　ダイレクトメールやスパム送信など。
*8　遺伝子のうち個人差を表すもの。

　一般には、統計処理を施したデータはプライバシーの侵害にならないとされます（3.5.2 項参照）。しかしホーマーらの手法によれば、ある疾患をもつ集団のDNA の統計データに、SNP がわかっている個人のデータが含まれているかどうか判別できてしまうことになります。つまり、その個人がその疾患をもっていることがわかってしまうことになり、これは重大なプライバシーの問題です。

　もっとも、これは遺伝情報に特有の問題ではありました。それというのは、遺伝子からは膨大な数のデータ項目が得られるのですが、そのうち約 500,000 の項目に個人差があり、さらに計測技術の発達によって一挙に検出できるようになったという点と、さらに共通祖先をもつ集団同士は近い遺伝情報をもつという点によって、ホーマーらの手法は成り立っていました。同じような条件を満たすデータはあまりないので、普通は統計データの公開は問題にはなりません。しかし、分析技術の発達によって従来は問題なかったデータでも問題が起きることがあるという点で、興味深い事例です。

2.5　過剰なデータ取得に対する拒否感

　目的に対して必要なラインを超えた過剰なデータの取得や利用は、利用者からの反感を招きがちです。

　ライドシェアやタクシー配車アプリでは、車に来てもらいたい場所や目的地をアプリに知らせる必要があり、その際にスマートフォンの GPS を用いて位置情報を用いることは高い利便性をもたらします。一部の配車アプリはこれらに加えて降車後の移動履歴を取得していました。

　ある配車アプリは、2016 年に「降車後 5 分間の位置情報を取得する」機能を追加すると発表しました [35]。この位置情報の取得を、乗車・降車位置の改善につなげるためと説明しています。しかし、降車後の移動データは実際にどの建物・場所を訪問したかがわかってしまう情報であり、ユーザーからの大きな反発を受けました。このトラッキングアプリによる位置情報の利用を禁止することによって停止はできますが、その結果、利用時に住所を入力する必要が出てきて、利便性は著しく悪化するでしょう。その後、2017 年に、この機能はユーザーからの反発を受け廃止されることになりました [36]。

　別の配車アプリも、同様に、タクシー降車後の位置情報の収集をしていました。これは車内で表示する動画広告の効果測定（実際にその店を訪れたか否か）などに使われています。また、広告表示用に車内に設置してある端末のカメラから得た乗客の容姿から性別を推定する、アプリのデータと紐づける、などの利用もしていました。位置情報を取得する際、ユーザーには「スムーズにタクシーを配車するため」とだけ説明し同意を得ており、このような広告目的での利用はアプリの利用規約（当時）には明記されていませんでした [38]。個人情報保護委員会は、これを「利用者に十分な説明なく利用者のデータを利用した」として、行政指導を行いました [39]。

　別の例として、フランスの公立学校で入校者管理のために導入された顔認証システムが、裁判所から差し止められたことがあります [40]。これは、GDPR の必要性と比例性を満たしていない、すなわち入校管理という目的にわざわざ顔認証を用いるのは過剰と判断されました。とくに顔は当人のコントロールが難しいものであり、そうではない ID カードなどで十分対応可能だからです。

　近年では、利用者側も自身のパーソナルデータが取得され利用されることについて敏感になっており、企業側も、事業をまたいで個人を識別できる形でのデータの記録や利用を控えることが増えてきています。たとえば Apple や Google は、Safari や Chrome でのサードパーティークッキーを廃止して、あるいはすることを予定しています。なお、Google はその代わりとなるものとしてプライバシーサンドボックスという構想を提唱していました（5.4 節参照）。

2.6　パーソナルデータの「値段」

　2019 年、「匿名化処理*9」を施したうえで消費者行動データとして外部提供する目的で、室内の私生活を 1 日 24 時間つぶさに撮影した動画像を買い取るという試みが発表されて物議を醸しました [41]。

---

*9　事業者は匿名化と表現していましたが、具体的には顔をマスクする程度の処理を指していました。これは十分な匿名性が得られる処理とはいえません。匿名性についての詳細は第 5 章で説明します。

　当初、生活保護費を基準とした価格設定がなされていたことで、プライバシーの売買を貧困者に強制することにつながるのではないかという議論が巻き起こりました。背景には、マイケル＝サンデルによる徴兵制と志願兵制についての議論があったと考えられます [42]。国民に兵役を強いる徴兵制よりも、対価が用意されていて自由意志に基づいている志願兵制のほうが自由主義のうえでは望ましいという考え方があるのですが、それに対して、むしろ志願兵制は経済的に困窮している者に対しては事実上の強制になってしまうことがあると指摘するものでした。この議論から演繹して、プライバシーの売買が生活保護を代替する事業として認識されることで、生活保護の支給対象者にこれを強いることになる、という懸念が生じたわけです。

　なお、この顛末についての実施者によるレポート [43] によると、以上のような議論を反映して生活保護費をベースとした価格設定（132,930 円）は改定され、結局 1 ヶ月あたり 200,000 円と設定したとのことです。いずれにしても、漫然と収集したデータをどのように収益化するのか具体的には示されず、最終的に「社会実験」として終わりました。

　この例は極端ですが、個人が対価を受けてプラットフォームに蓄積されたデータをほかに提供するというコンセプトは、**情報銀行**として提唱されています。さらに、その前提としての、プラットフォーム事業者が収集したパーソナルデータをもととなった個人（データ主体）に帰着させる考え方は、**データポータビリティ権**と呼ばれるものです。

　さて、個人情報やパーソナルデータには、実際どれほどの価値があるものでしょうか。個人情報の対価とは趣が異なりますが、個人情報流出に対して慰謝料が支払われた実例として、古くは 1999 年に宇治市の住民基本台帳データ（約 220,000 人分）が漏えいした事件で慰謝料として認められた 10,000 円が挙げられます。

　また、2002 年に起きたエステティックサロンによる顧客情報流出事件も特徴的です。これは Web 上で収集されたヒアリングシートの結果がまるのまま CSV ファイルとしてダウンロード可能になっていたというもので、住所・氏名・生年月日・電話番号の**基本 4 情報**やメールアドレスに加えて、スリーサイズや集中的に施術したい個所などの、非常にプライベートな情報が含まれていました。さらに、なんのために必要だったのか、学歴・職歴・家族構成といった情報まで含ま

れており、プライバシーの侵害という意味でも極めて深刻な事例でした。被害者の一部（14 名）による提訴で 1 人あたり 1,150,000 円の損害賠償が求められていたところ、2 次被害が認められた 13 名に 30,000 円、2 次被害が認められなかった 1 名に 17,000 円が認定されました[*10]。

とはいえ、住民基本台帳データの例は行政による賠償、エステティックサロンの例は精神的苦痛や経済的被害に対する賠償で、個人情報の値段というのは少々はばかられます。「個人情報に値づけがされた」というイメージがついた事例としては、2004 年に起きたインターネットプロバイダの顧客情報漏えい事件の金券 500 円分が挙げられるのではないでしょうか[*11]。個人情報流出の賠償として金券 500 円が配られた最初の例は 2003 年のコンビニ事業者によるものでしたが、これらによって 500 円がほぼ「相場」となった感がありました。

もっとも、これもやはり賠償という名目です。以上で示したような賠償額が情報銀行のように個人情報を自主的に提供する場合の「相場」とはなりがたいでしょう。とくにエステティックサロンの例では、請求額は 1 人あたり 1,150,000 円のところ認められたのが最大で 30,000 円と、著しい隔たりがあります。これもあくまで損害賠償請求であって、「この値段で売ってもよい」という値づけではありません。まして第三者にとってどの程度の価値があるのか、については未知数です。また、事業者をまたいでデータを「流通」させるためには共通プラットフォームを整備する必要もあり、現在それを進めている事業もありますが、社会実装されるまでにはまだ時間がかかりそうです。

本章では、パーソナルデータ活用にあたって生じたトラブルを紹介しました。目的を達成できそうだからといって素朴に活用しようとすると、さまざまな面で問題が発生しうることがわかります。たとえば、利用者や関係者が著しい拒否感を示したり、具体的な被害を被ったりすることがあります。

これらの事例は、法律や倫理的な側面から、なにがどのように問題だったのか、どうすべきだったのかを整理することができます。以降の章では、そういった法律や倫理的側面などついて詳説していきます。

---

*10 加えて弁護士費用 5,000 円がそれぞれ認定されています。
*11 その後、裁判所によって慰謝料として 5,000 円、弁護士費用 1,000 円が認定されました。

参考文献

[1] 笹原和俊 (2018) 『フェイクニュースを科学する: 拡散するデマ、陰謀論、プロパガンダのしくみ』、化学同人、URL：https://www.amazon.co.jp/フェイクニュースを科学する-拡散するデマ、陰謀論、プロパガンダのしくみ-DOJIN選書-笹原-和俊/dp/4759816798。

[2] 公正取引委員会 (2019) 「デジタル・プラットフォーム事業者と個人情報等を提供する消費者との取引における優越的地位の濫用に関する独占禁止法上の考え方」、URL：https://www.jftc.go.jp/houdou/pressrelease/2019/dec/191217_dpfgl.html。

[3] Yilun Wang and Michal Kosinski. (2018) "Deep neural networks are more accurate than humans at detecting sexual orientation from facial images", *Journal of Personality and Social Psychology*, Vol. 114, No. 2, pp. 246–257, 2, DOI: 10.1037/PSPA0000098.

[4] 鳥海不二夫 (2021) 『計算社会科学入門』、丸善出版、URL：https://www.maruzen-publishing.co.jp/item/?book_no=304030。

[5] 上原哲太郎 (2015) 「今さら聞けないマイナンバー」、URL：https://www.slideshare.net/tetsutalow/ss-53217344。

[6] 清嶋直樹 (2014) 「駅ビル内の「顔識別」、プライバシー問題で実験延期」、日経クロステック、URL：https://www.nikkei.com/article/DGXNASFK11036_R10C14A3000000/。

[7] Alfred Ng. (2020) 「中国はいかにして顔認識技術で人々の行動を統制しているか」、URL：https://japan.cnet.com/article/35158691/。

[8] 峯村健司 (2021) 「中国の監視網、数秒で20億人識別プライバシー侵害か」、URL：https://www.asahi.com/articles/ASP6944Z6P68UHBI01M.html。

[9] 新型コロナウイルス感染症対策テックチーム事務局 (2020) 「接触確認アプリの導入に向けた 取組について 令和2年5月8日新型コロナウイルス感染症対策テックチーム事務局資料4 ※令和2年5月8日テックチーム会合資料」。

[10] Low Zoey. (2021) "Mandatory TraceTogether-only SafeEntry brought forward to May 17", 5, URL: https://www.channelnewsasia.com/singapore/covid19-tracetogether-safeentry-may-17-brought-forward-token-app-1358126.

[11] 八田浩輔・久野華代 (2020) 「接触確認アプリ、フランスで「官製」不評欧州でアップル・グーグル連合製高評価の訳 | 毎日新聞」、URL：https://mainichi.jp/articles/20200726/k00/00m/030/095000c。

[12] Kirsten Han. (2021) 「接触追跡アプリ8割普及のシンガポール、目的外利用で揺らぐ信頼」、URL：https://www.technologyreview.jp/s/231743/broken-promises-how-singapore-lost-trust-on-contact-tracing-privacy/。

[13] 佐藤みあ (2021) 「シンガポールの接触追跡アプリが方針転換、犯罪捜査でも利用可に」、URL：https://www.technologyreview.jp/s/230403/singapores-police-now-have-access-to-contact-tracing-data/。

[14] 警察庁生活安全局少年課 (2021) 「令和2年における少年非行、児童虐待及び子供の性被害の状況」。

[15] 加藤綾 (2021) 「Instagram、18歳未満と大人のDMを制限。若年層を守る」、URL：https://www.watch.impress.co.jp/docs/news/1312594.html。

[16] Emma Woollacott. (2021) 「EUが児童ポルノ根絶で強行措置、私的メッセージが監視対象に」、URL：https://forbesjapan.com/articles/detail/42297/1/1/。

[17] Patrick Breyer. (2021) "Messaging and Chat Control", URL: https://www.patrick-breyer.de/en/posts/message-screening/.

[18] Jeremy Malcolm. (2021) "Europe's chat control mandate begins", 8, URL: https://prostasia.org/blog/europes-chat-control-mandate-begins/.

[19] 利用者視点を踏まえたICTサービスに係る諸問題に関する研究会(2010) 「第二次提言の公表」、URL：https://www.soumu.go.jp/menu_news/s-news/02kiban08_02000041.html。

[20] Adam D. I. Kramer, Jamie E. Guillory, and Jeffrey T. Hancock. (2014) "Experimental evidence of massive-scale emotional contagion through social networks", *Proceedings of the National Academy of Sciences*, Vol. 111, No. 24, pp. 8788–8790, 6, DOI: 10.1073/PNAS.1320040111.

[21] CNN (2014) 「フェイスブックが感情操作の「実験」ユーザーから批判噴出」、URL：https://www.cnn.co.jp/tech/35050166.html。

[22] Alex Wilhelm. (2014) 「Facebookによるユーザー感情操作実験の倫理性」、TechCrunch Japan、URL：https://jp.techcrunch.com/2014/06/30/20140629facebook-and-the-ethics-of-user-manipulation/。

[23] Inder M. Verma. (2014) "Editorial Expression of Concern: Experimental evidence of massivescale emotional contagion through social networks", *Proceedings of the National Academy of Sciences*, Vol. 111, No. 29, pp. 10779–10779, 7, DOI: 10.1073/PNAS.1412469111.

[24] 個人情報保護委員会 (2019) 「個人情報の保護に関する法律第42条第1項の規定に基づく勧告などについて」、URL：https://www.ppc.go.jp/files/pdf/190826_houdou.pdf。

[25] 伴正春 (2019) 「就活生の「辞退予測」情報、説明なく提供リクナビ」、URL：https://www.nikkei.com/article/DGXMZO48076190R00C19A8MM8000/?n_cid=DSREA001。

[26] 杉浦健二 (2019) 「リクナビによる「内定辞退率」データ提供の問題点はどこにあったか法的観点から弁護士が解説」、URL：https://www.businesslawyers.jp/articles/613。

[27] 日本経済新聞 (2019) 「フェイスブック、ターゲット広告見直し差別批判受け」、URL：https://www.nikkei.com/article/DGXMZO42691460Q9A320C1000000/。

[28] 岡田有花・ITmedia (2019) 「「破産者マップ」閉鎖、「関係者につらい思いさせた」- ITmedia NEWS」、URL：https://www.itmedia.co.jp/news/articles/1903/19/news051.html、2021年9月閲覧。

[29] 個人情報保護委員会 (2020) 「個人情報の保護に関する法律に基づく行政上の対応について」、URL：https://www.ppc.go.jp/files/pdf/200729_meirei.pdf、2021年9月閲覧。

[30] 八十島綾平・五艘志織 (2020) 「破産者情報サイトに停止命令 違法性の判断、線引き課題」、日本経済新聞、URL：https://www.nikkei.com/article/DGXMZO62059910Z20C20A7EE8000/、2021年9月閲覧。

[31] 丸山直昌 (2006) 「Whoisを巡る最近の議論について」、JPNIC ニュースレターNo.34、URL：https://www.nic.ad.jp/ja/newsletter/No34/0608.html、2021年9月閲覧。

[32] JPNIC (2018) 「ICANNがEUのGDPRに準拠したgTLD登録データのための暫定仕様書を承認」、URL：https://www.nic.ad.jp/ja/topics/2018/20180521-02.html、2021年9月閲覧。

[33] Nils Homer, Szabolcs Szelinger, Margot Redman, et al. (2008) "Resolving Individuals Contributing Trace Amounts of DNA to Highly Complex Mixtures Using High-Density SNP Genotyping Microarrays", *PLOS Genetics*, Vol. 4, No. 8, pp. 1–9, 08, DOI: 10.1371/journal.pgen.1000167.

[34] Elias A. Zerhouni and Elizabeth G. Nabel. (2008) "Protecting Aggregate Genomic Data", *Science*, Vol. 322, No. 5898, pp. 44–44, DOI: 10.1126/science.1165490.

[35] Kate Conger. (2016) 「Uberがバックグラウンドで乗客の位置情報の収集を開始した」、URL：https://jp.techcrunch.com/2016/11/29/20161128uber-background-location-data-collection/。

[36] Dara Kerr. (2017) 「Uber、配車サービス利用後に乗客を追跡する機能を廃止へ」、URL：https://japan.cnet.com/article/35106498/。

[37] Michal Kosinski, David Stillwell, and Thore Graepel. (2013) "Private traits and attributes are predictable from digital records of human behavior", *Proceedings of the National Academy of Sciences*, Vol. 110, No. 15, pp. 5802–5805, 4, DOI: 10.1073/PNAS.1218772110.

[38] ハフポスト日本版編集部 (2018) 「配車アプリ「Japan Taxi」の位置情報、ユーザーの明確な同意なしに広告会社が利用していた」、URL：https://www.huffingtonpost.jp/2018/10/30/japantaxi-koukoku-freakout_a_23575799/。

[39] 寺井浩介 (2019) 「位置情報で日常「捕捉」、ジャパンタクシーに行政指導」、URL：https://www.nikkei.com/article/DGXMZO42837830T20C19A3MM8000/。

[40] Theodore Christakis. (2020) "First Decision Ever of a French Court Applying GDPR to Facial Recognition", 2, URL: https://ai-regulation.com/first-decision-ever-of-a-french-court-applying-gdpr-to-facial-recognition/.

[41] みわよしこ (2019) 「「私生活動画で月20万円」の社会実験に波紋、問われる個人情報の"重さ"」、ダイヤモンド・オンライン、URL：https://diamond.jp/articles/-/221293、2022年1月閲覧。

[42] マイケル＝サンデル著、鬼澤忍訳 (2011) 『これからの「正義」の話をしよう──いまを生き延びるための哲学』、早川書房、URL：http://id.ndl.go.jp/bib/023154996。

[43] 遠野宏季 (2020) 「社会実験Exograph」、URL：https://exograph.plasma.inc/assets/Exograph-report.pdf、2022年1月閲覧。

第3章
パーソナルデータ活用の分類

　部屋を片づけるときに「散らかった物を分類しないですべて押し入れに押し込むこと」を「整理した」とはいわないように、さまざまな知識も分類をおろそかにして頭に押し込んではいけません。分類してパターン化することが、考えの整理のために必要です。

　本章では、「個人情報」「個人データ」「パーソナルデータ」などの定義と関係を整理したのち、パーソナルデータの活用パターンの分類について述べます。

3.1　個人情報？　個人データ？

　本書のテーマは「パーソナルデータ」の適切な活用です。「個人情報」や「個人データ」ではなく、わざわざ文字数を割いて「パーソナルデータ」と呼んでいることには理由があります。なぜなら、「個人情報」「個人データ」「パーソナルデータ」……これらの用語はそれぞれ意味や指す範囲が異なり、かつ本書がおもに対象とするのは「パーソナルデータ」が指す範囲だからです。

　そもそも実社会における「情報」と「データ」の使い分けが曖昧なので、これらの用語の違いについても曖昧になりがちです。とくに「個人情報」と「個人データ」については、個人情報保護法でそれぞれきちんと定義されているにもかかわらず、ビジネスの現場などでは厳密な区別がされていないケースが見受けられます。

　一方、情報科学に関する科目を履修すると、「情報」と「データ」の使い分けについて学ぶ機会があります。しかしながら、情報科学における使い分けは法制上の使い分けと異なるので、かえって法制の理解を妨げることもあるようです。

　本節では、まず、以上のような用語を整理したうえで、個人情報について検討します。

3.1.1　「情報」と「データ」

　情報と**データ**はどう違うのでしょうか。

　少々話が逸れますが、参考文献 [1] によると、データや情報を処理する装置を特許出願するときに、日本では「情報処理」と書いても「データ処理」と書いてもあまり違いはないけれども、アメリカでは "information processing" と書くことはあまりなく、もっぱら "data processing" と書くのだそうです。理由はいくつかあるようですが、その 1 つに「data を process した結果が information である」という考え方があるそうです。

図 3.1　英語における data, process, information のイメージ

　それでなぜ特許で "information processing" とは書かないことになるのか、日本語話者にとってはあまりピンと来ないのですが、例えていうなら「魚をさばいた結果が刺身である」というときに、「魚をさばく」とはいっても「刺身をさばく」とはいわないだろう──という感覚と同じなのかもしれません。

■ 情報科学における「情報」と「データ」

　情報科学の分野でも、「データ」を「処理」した結果が「情報」です。さらに多くの場合で、この「処理」は「解釈」のことを指しています。文部科学省の Web ページで公開されている『高等学校情報科「情報 I」教員研修用教材』[2] では、「データ」が「解釈」されて「情報」になるとしたうえで、次のように説明されています。

- **データ**：事象・現象を数字・文字などで記号化したもの
- **情　報**：人にとって意味や価値のあるもの

「事象や現象」が記号化されることで「データ」となり、それが「解釈」によって「情報」となります。これらの関係について具体的に考えてみましょう。

　たとえば「熊谷：36.1 度」という「データ」があるとします。これからどんな「情報」が得られるでしょうか。いくつかの解釈が考えられます。

　都市名と気温　「熊谷」といえば日本で有数の「暑い街」として知られている埼玉県熊谷市ですね。このデータは、埼玉県熊谷市のある日の気温と解釈することができます。

　都市名と緯度　別の解釈もできます。埼玉県熊谷市を地図で確認してみると、経度 139.2、緯度 36.1 とあります。このデータは、熊谷市の緯度と解釈してもよさそうです。

　苗字と体温　さらに別の解釈もできます。「熊谷」とは日本の姓の 1 つでもあります。このデータは「熊谷さん」の体温と解釈してもよさそうです。

　ほかにも考えられるかもしれませんが、とりあえずこの 3 つのパターンを表 3.1 に示します。

表 3.1 データと解釈

事象や現象	データ	解釈	情報
都市の気温	熊谷：36.1度	〔都市名〕：〔気温〕	熊谷市の気温は 36.1度
都市の緯度	熊谷：36.1度	〔都市名〕：〔緯度〕	熊谷市の緯度は 36.1度
人の体温	熊谷：36.1度	〔苗字〕 ：〔体温〕	熊谷さんの体温は36.1度

　同じデータでも、解釈の違いによって別の情報になっています。もっとも、こ
れらの例は『「データ」は「解釈」されなければ「情報」にならない』ことを強
調するために、わざわざ挙げたものです。実際には、こんなに紛らわしい例はほ
とんどありません。一般に、データをどのように解釈すべきか（この例では、都
市名か苗字か、温度か緯度か）は、データと同時に示されます。また、これらの
例では前後の文脈をあえて示しませんでしたが、普通は、データに対する適切な
解釈は文脈から明らかだからです。

　いずれにしても、**データから情報**の流れが、情報科学における「情報」と「デー
タ」の関係です（図 3.2）。

図 3.2　情報科学における「情報」と「データ」

■ 個人情報保護法制における「情報」と「データ」

　以上のような情報科学における「情報」と「データ」のつもりで**個人情報**と**個
人データ**を解釈しようとすると、少し戸惑うことになります。個人情報保護法に
おける個人データの定義を見てみましょう。

　この法律において「個人データ」とは、個人情報データベース等を構成する個人
情報をいう。

個人情報の保護に関する法律 第2条 3

　個人情報は個人情報データベース等の構成要素だ、ということですね。なお
「個人情報データベース等」は、次のように定義されています。

　この法律において「個人情報データベース等」とは、個人情報を含む情報の集合物であって、次に掲げるもの（利用方法からみて個人の権利利益を害するおそれが少ないものとして政令で定めるものを除く。）をいう。
一　特定の個人情報を電子計算機を用いて検索することができるように体系的に構成したもの
二　前号に掲げるもののほか、特定の個人情報を容易に検索することができるように体系的に構成したものとして政令で定めるもの

個人情報の保護に関する法律 第2条 4

　要は「個人情報」を体系化してコンピューターで扱いやすくしたものが**個人情報データベース等**で、それに入っている「個人情報」を「個人データ」と呼んでいるわけですね。

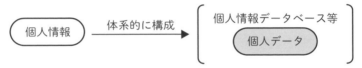

図 3.3　個人情報保護法における「個人情報」と「個人データ」

　情報科学における「データが解釈されて情報になる」という考えとは違って、「情報からデータ」という逆の流れになっているように見えます。単なる分野の違いで片づけることもできますが、本書では個人情報についての理解を深めるために、この違いについて言及しながら説明を進めています。

3.2　個人情報

　さて、本節では改めて「個人情報」について述べます。――が、その前に、個人情報よりも広い概念である「個人に関する情報」について説明します。
　「個人情報」も「個人に関する情報」も法律で定義が決まっており、個人情報は案外に狭い範囲を指します。そして法律上は個人情報にならないからといって、プライバシーの問題が生じないとはかぎりません。法律上の個人情報ではな

いものの個人に関する情報を扱っていたサービスについて、個人情報保護委員会が「法の趣旨を潜脱する」という指摘をした事例もありました（2.2 節参照）。潜脱とは「網の目をかいくぐる」という意味です。

　個人情報保護委員会が指摘した利用パターンは改正法で対処されましたが、法律の抜け穴が塞がれたということは「そもそも法律で禁止しようとしているにもかかわらず、条文ではそうなっていなかった」ということです。法律が守ろうとしているものを保護法益といいますが、それに反するものだったわけです。

　このようなことを防ぐためには、個人情報と個人に関する情報の関係を整理しておくことが必要です。

3.2.1　個人に関する情報

　ここで、現実の世界と情報の世界を考えます。まず現実の世界があり、そこに「個人」がいて、その人に関する情報が**個人に関する情報**です（図 3.4）。

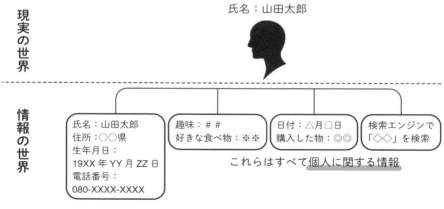

図 3.4　個人に関する情報

　情報科学における「情報」と「データ」の関係では、「情報」のもとをたどると「事象や現象」がありました。経過はともかく、この「事象や現象」に個人を含むような情報を、「個人に関する情報」といいます。

　住所・氏名・生年月日・電話番号はもちろんそうですし、趣味や好きな食べ物などもそうです。また、どこでなにを買ったとか、いつどこで電車に乗ってどこ

で降りたとか、そういうものを全部ひっくるめて個人に関する情報と呼びます。

　天気などは、単体では個人に関する情報ではありませんが、「ある商品を雨の日に買った」のように個人と紐づけられると、個人と紐づいているかぎりにおいて、個人に関する情報になります。

3.2.2　個人情報

　個人に関する情報が現実世界の個人と容易に結びつけられる場合、これは**個人情報**になります。たとえば住所・氏名・生年月日・電話番号などは、明らかに現実の個人と対応づけることが容易です。図 3.5 の場合、この個人に関する情報は、まるごと個人情報になります。

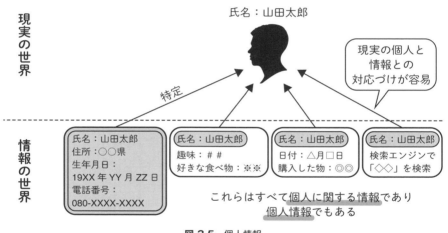

図 3.5　個人情報

　よくある解釈として「現実の個人と対応づけることが容易な項目のみを、個人情報と呼ぶ」というものがあります。図 3.5 の例だと、灰色で塗り潰されている項目だけが個人情報になる、という解釈です。これは、少なくとも法令上の解釈とは異なります。図 3.5 のように、特定の個人を識別できる項目を含んでいると、それと紐づいている個人に関する情報はズルズルと芋づる式に個人情報になる、という点に注意が必要です。

■ **特定対象項目**

　さて、特定の個人を識別することができる記述とは、具体的にどのようなものを指すのでしょうか。ガイドラインでは例示があるのみですが、NII「匿名加工情報の適正な加工の方法に関する報告書」[3] では、**特定対象項目**として、次のように定義されています。

　● **組み合わせによって特定の個人を識別可能な記述**
　　a.　氏名以外の基本 4 情報*1（住所、生年月日、性別）
　　b.　現在所属するまたは過去に所属した会社、学校などの団体、職歴および学歴であって、具体的な会社名、団体名を含むもの
　　c.　本人到達性のあるメールアドレス、SNS の ID
　　d.　本人到達性のある電話番号（スマートフォン、自宅の電話番号、職場などの電話番号）
　　e.　クレジットカード番号
　● **単体で特定の個人を識別可能な記述**
　　f.　単体で特定の個人を識別することができるもの（氏名、顔画像）

　これらは、一般的な事業分野において、適切と考えられる項目として列挙されたものです。ほかにもありうることは否定されていませんが、ガイドラインで示されているものがあくまで例示であることを考えると、十分に具体的で有用です。

■ **個人識別符号**

　生年月日や住所や電話番号は特定対象項目ですが、生年月日はともかく、住所や電話番号は変わることがあります。「先々月はこういう個人情報だったけれども、その次の月には引っ越したので住所が違う」「さらにその次の月には携帯の電話番号が変わった」のように情報が変化していくと、この情報を使う側としては一貫性がないので困ります。

　住所や電話番号のような変わりやすいものではなく、氏名と生年月日で十分かもしれませんが、氏名も婚姻や養子縁組などによって変わることがあります。逆に、同姓同名で生年月日も一緒の他人が、同一人物扱いされるのも困ります。

---

*1　「氏名、住所、生年月日、性別」を「基本 4 情報」と呼びます。

　行政などでこの問題を解決するために作られたものが、マイナンバーです。マイナンバーによって、複数の個人情報がひとまとまりにされます。マイナンバー以外にもこういった役割を果たす番号があり、それらを**個人識別符号**と呼びます。個人識別符号は、含まれているだけで個人情報となります。仮に特定対象項目を削ってしまったとしても、個人情報のままです。

■ 容易照合性

　個人識別符号は、バラバラになっている情報を串刺しにする役割をもち、**識別子**と同じような役割を果たします。識別子とは SNS のユーザー ID のようなもので、これがないと個人に関する情報はバラバラになってしまいます。たとえば、SNS を現実と結びつかない形で使っている人がいたとしましょう。この場合、情報の世界と現実の世界を結びつけることはできないので、個人は特定されていません。しかし情報の世界に残されている個人に関する情報すべてに「AAA」というユーザー ID が紐づいている場合、これらの個人に関する情報が「AAA」というユーザーのものだ、ということは識別できます。この場合、「個人が識別されている」という言い方をします（図 3.6）。

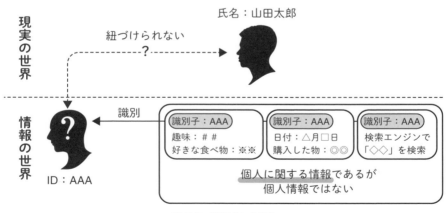

図 3.6 識別された個人

　つまり特定とは、図 3.6 でいう縦方向の結びつきで、識別とは、この図でいう横方向の結びつきだ、といえます。特定と識別が両方できる識別子を、個人識別

符号と呼びます。

　このように、なんらかの手段で別の個人情報と連結することができると、個人に関する情報はまるごと個人情報になります（図 3.7）。この「なんらかの手段」というのは、識別子を使うものでなくても可能で、たとえば「何月何日にどこでなにか買った」という情報も、個人が識別できる（特定できなくてもよい）程度に詳細であれば構いません。顧客情報をもっている店舗からすれば、履歴で識別できます。この情報をもっている人ともっていない人とで、この情報から個人が特定可能かどうかが変わります。もっている人にとっては容易である場合、**容易照合性**がある、といいます。容易照合性があるデータをもっている場合、その事業者にとっては個人情報となります。

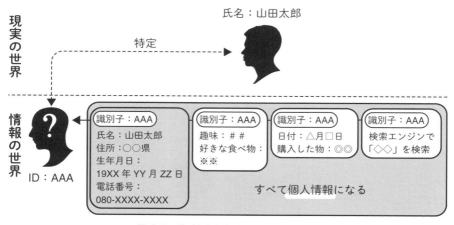

図 3.7　識別された個人が特定された状態

　なお、このとき識別子と同様に個人を識別する役割を果たすものを、**準識別子**と呼びます。上の例では、日付と購入した物の組み合わせが準識別子です。

　実はこの容易照合性が、個人情報の定義のなかで一番わかりにくい部分です。なぜなら、ここだけ『「個人情報」が「個人データ」になる』という関係が逆転しているからです。前述したとおり、法制上の「個人情報」と「個人データ」は、『「個人情報」を体系化して整理したものが「個人データ」である』という関係でした。しかし容易照合性とは、「データが体系化されていれば準識別子で照合す

るのは容易だ」ということです。これは「個人に関する情報」が「個人情報」になるより先に「データ」になっていないと成り立ちません。

筆者の私見ですが、容易照合性により定義される個人情報については、情報科学における「情報」と「データ」の関係の考え方が暗黙のうちに導入されているように思われます。情報科学では「データ」が「解釈」されることで情報になりました。事業者がもっている「データ」が、容易照合性に依拠して「解釈」されることで「個人情報」になる、という見立てです。

■ 氏名と生年月日は識別子か？

識別子と準識別子について理解を深めるために、「氏名と生年月日は識別子か？」という問題について考えましょう。「滞納処分 別人の預金差し押さえ」というフレーズで Web を検索すると、多数のニュース記事が出てきます。たとえば次のようなものです。

- 旭区における同姓同名、同一生年月日の別人の差押、取立について（2007）
  http://www.city.yokohama.lg.jp/asahi/oshirase/news/2007/09-28-01.html
- 同姓同名の別人の生保、誤って差し押さえ 税金滞納で埼玉・久喜市（2011）
  https://www.nikkei.com/article/DGXNASDG17024_X11C11A0CC1000/
- 別人の生命保険請求権を間違えて差し押さえ 市税滞納者と同姓同名で確認怠る 堺市（2015）
  https://www.sankei.com/west/news/150805/wst1508050099-n1.html
- 別人の預金差し押さえ 同姓同名で生年月日一致… 市税滞納者と間違え 市川市（2015）
  https://www.chibanippo.co.jp/news/national/247588

マイナンバー制度の運用（2016 年 1 月）の前なので仕方がないのか、というとそうでもなく、導入後でも意外と数多く発生しています。

- 北九州市 別人の預金を納税滞納者と誤り差し押さえ 福岡（2016）
  https://mainichi.jp/articles/20160416/ddl/k40/040/379000c
- 茅ケ崎市 別人の財産を差し押さえ 神奈川（2017）
  https://mainichi.jp/articles/20170903/ddl/k14/010/163000c
- 同じ氏名・生年月日の別人の預金 誤って差し押さえ 長野県が返金、謝罪
  https://mainichi.jp/articles/20201111/k00/00m/040/288000c

● **国保料滞納　大阪市が姓名・生年月日同じ別人の預金差し押さえ（2021）**

https://mainichi.jp/articles/20210220/k00/00m/040/006000c

　おおむね共通している理由は、「住所が異なっているにもかかわらず、氏名と生年月日が一致しているので、税金を滞納している当人だと思い込んでしまった」というものです。氏名と生年月日に比べて住所は変わりやすいうえに、住民票を移さないで生活し続けている人がそれなりに多いなどの理由から、行政の現場では住所が異なっていても同一人物とみなして手続きを進めてしまうことがあるようです。

　氏名と生年月日は、一般には個人を特定する情報ですが、個人の識別という観点では、準識別子としてのはたらきしかないことがわかります。

3.2.3　仮名化と匿名加工

　さて、「個人情報を匿名化する」とよくいいますが、日本の法律では「匿名化」という手続きはとくに定められておらず、それに近いものとして**仮名化**もしくは**匿名加工**という手続きが定められています。図 3.8 にそれぞれのイメージを示します。

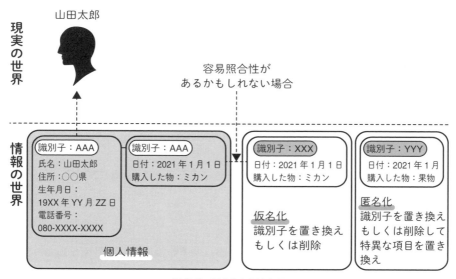

図 3.8　仮名化と匿名加工

　識別子が付与された個人に関する情報のテーブル A があるとき、これが個人情報が含まれるテーブル B と識別子によって紐づけられている状況を想定してください。この場合、両方をひっくるめて個人情報と呼ぶ、ということはすでに説明しました。

■ 仮名化

　ここで、テーブル A の識別子を削除したり、別のものに置き換えたりして、テーブル B とのつながりを「切断」してみましょう。するとテーブル B は個人を特定できる情報を含まなくなり、個人情報にならないように感じられます。

　このような操作が「匿名化」と呼ばれることがありますが、厳密には違います。前述した容易照合性がある場合、識別子をどうこうしたところで、依然として個人情報のままです。図 3.8 では、購買履歴の日付と購入した物とを組み合わせると、レコードが一意に定まってしまう例を示しています。

　とはいえ、一般には、テーブル A をもたない者にとっては個人情報になるとはかぎりません。このように、識別子を削除したり置き換えたりしただけのものを**仮名化データ**と呼びます。

■ 仮名加工情報

　令和 2 年改正個人情報保護法で新設されたカテゴリとして、**仮名加工情報**があります。これは「ほかの情報と照合しないかぎり、特定の個人を識別することができないように加工された個人に関する情報」とされています。

　個人に関する情報が個人情報になるのは、「特定対象項目を含む」「個人識別符号を含む」「容易照合性がある」の 3 つのどれかを満たす場合ですが、仮名加工情報は、このうちの容易照合性について条件を緩和したものを指しています。

　実用上、データ活用において特定対象項目や個人識別符号を含む必要がない場合は、それらを削除したり置き換えたりして、個人データを保有していることが多くあります。このようなデータは仮名加工情報と呼ばれて、利用目的の変更の制限や漏えいなどの報告など、開示・利用停止等の請求対応の義務について適用除外になります。なお、前述の仮名化データは、仮名加工情報の要件をほぼ満たしています。したがって、多くの場合で、仮名化データのことを仮名加工情報と呼んでも差し支えないでしょう。

　ただし、仮名加工情報では、個人が特定されなくとも財産的被害が生じる場合についてもケアされています。この点が単なる仮名化と異なります。具体的には「不正利用されることにより、財産的被害が生じるおそれのある記述などの削除又は置換」が仮名加工には求められます。たとえば、クレジットカード番号が考えられます。

　もっとも、前項で示した NII の報告書 [3] で定義されている特定対象項目には、すでにクレジットカード番号が含まれています。委員会規則やガイドラインでは、特定の個人を識別できるものとしてクレジットカード番号は例示されていないので、報告書でわざわざ付け加えられたと考えられます。NII の報告書は令和2 年改正個人情報保護法の前に作られたものですが、その時点で、すでに財産的被害に関するケアの必要性が考慮されていたのかもしれません。

　なお、仮名加工情報であっても、上で示した適用除外になる義務以外は、保有個人データと同じ義務が課せられることに注意してください。特定対象項目や個人識別符号を削除あるいは置換したとしても、準識別子によって容易照合性がある可能性は否定できません。その場合は、個人データとして取り扱うべきだからです。

■ 匿名加工情報

　仮名化では、識別子以外のデータが準識別子の役割を果たす可能性がありました。前述の図 3.8 の仮名化の例では、仮に識別子を削除したとしても、購入した日付と物の組み合わせについて該当するレコードが 1 つしかないために、個人が識別できてしまいました。

　このような場合は、購入した日付を日にち単位から月単位に変えて、購入した物も大まかな分類に置き換えることで、レコードが一意に定まらないようにできます。レコードが一意に定まってしまうような項目を置き換えることを、個人情報保護法における**匿名加工**と呼びます。平成 27 年改正個人情報保護法で、匿名加工された個人データについては、第三者提供が可能になる旨が明記されました。

　個人情報保護法 36 条 1 項により、匿名加工の方法については「個人情報保護委員会規則」で定める基準に従う必要があります。しかしながら、特定対象項目の説明で述べたように「個人情報の保護に関する法律についてのガイドライン

（匿名加工情報編）」および各事業分野のガイドラインでは、例が示されているだけで、具体的な手法については確立されていません。

個人情報保護委員会規則で定める基準では、匿名加工で講ずるべき措置について、次の1号から5号までを挙げています。

- ●1号：**特定の個人を識別することができる記述**などの全部または一部を置換もしくは削除
- ●2号：**個人識別符号**の全部を置換もしくは削除
- ●3号：**個人情報と連結可能になる符号**を置換もしくは削除
- ●4号：**特異な記述**などを置換もしくは削除
- ●5号：当該個人情報データベース等の性質を勘案した**その他の適切な措置**

1号は、氏名などの特定の個人が識別できる記述を置換もしくは削除することを要請しています。2号は、特定の個人が識別できる識別子を置換もしくは削除すること、3号は、識別子を置換もしくは削除することを要請しています。4号と5号は、準識別子となるおそれがある情報を置換もしくは削除することなどを要請しています。

4号と5号がとくにわかりづらいので、図3.9にその内容をガイドラインの例示に基づいて示します。

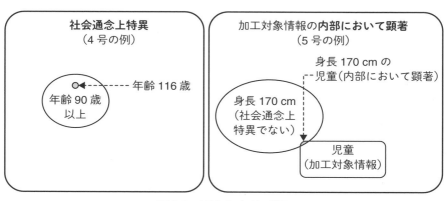

図 3.9 4号および5号の措置

　4 号の「特異な記述」とは、「一般的にみて、珍しい事実に関する記述」のことだとガイドラインでは説明されており、年齢が「116 歳」という属性を「90 歳以上」と置き換える例が示されています。確かに 116 歳ともなると、国内のほぼ最高齢で極めてまれなので、置き換える必要がありそうです。

　ただし、置き換えたとしても、115 歳以下はそのまま数値が入っていて、116 歳のレコードだけ「90 歳以上」となっているとあからさまです。また、116 歳ほどはまれでなくとも、90 歳以上であればそれなりにまれであり、住所などと組み合わせると該当者が 1 人になってしまうことなども考慮に入れて、該当するレコードをすべて「90 歳以上」のように置き換えるわけです。

　一方 5 号は、「匿名加工の対象となるデータベースのなかで特異なもの」について必要な措置を指しています。図 3.9 右の例では、身長が「170cm」という情報を加工する必要がある場合を示しています。この属性は「一般的にみて、珍しい」とはいえないのですが、匿名加工の対象が児童のデータベースであるときは、そのなかで特異になるので加工が必要である──という説明になっています。

　この説明について「ちょっと異議あり」という方もおられるでしょう。確かに「身長 170cm」は珍しくはないですが、「身長 170cm の児童」は「一般的にみて、珍しい」わけで、対象となるデータセットに暗黙のうちに付与される属性を考慮に入れると、どちらかというと 4 号の措置の対象です。この例は、5 号の措置の例としてはあまりよくないようです。

　たとえば「ある事業所の従業員」のテーブルで、たまたまその事業所に「身長 170cm」の人が 1 人しかいなかったような場合などが、5 号の措置の対象です。逆に「100 歳以上の高齢者のデータベース」のような、『「一般的にみて、珍しい」人たちが集まった集団のデータベース』があった場合は、すべてのレコードが 4 号の措置の対象となり、年齢を「90 歳以上」のように置き換えたり削除したりする必要があります。

　匿名加工の具体的な手順は、テクニカルな話になるので、第 5 章で取り上げます。

3.3　ところで「パーソナルデータ」とは？

ここまでの説明で、「情報」「データ」「個人情報」と「個人に関する情報」について詳しく説明しましたが、本書のテーマである肝心の「パーソナルデータ」については説明を後回しにしていました。

パーソナルデータを、本章で述べた「データ」と「情報」の話を踏まえて改めて説明すると、情報科学の観点における「データ」で、記号化の対象となる「事象や現象」に「識別された個人」を含むもののことです。GDPRにおける定義とほぼ同義です。個人情報保護委員会による訳では、次のようになっています。

「個人データ」とは、識別された自然人又は識別可能な自然人（「データ主体」）に関する情報を意味する。

ややこしいことに "personal data" の訳が「個人データ」となっていますが、ここまでの説明のとおり、個人情報保護法における「個人データ」と意味が違うので、注意が必要です。特定の個人と紐づいていなくても、識別されていればパーソナルデータとなります。

3.3.1　各用語の相互の関係

少々乱暴かもしれませんが、これらの用語は、表3.2のようにまとめられます。

表 3.2　各用語の相互の関係

範囲	広い	狭い
データ	パーソナルデータ	個人データ
情報	個人に関する情報	個人情報

「パーソナルデータ」と「個人に関する情報」の関係は、おおむね情報科学の観点における「データ」と「情報」の関係に対応します。『「パーソナルデータ」を解釈すると「個人に関する情報」になる』とみなして、おおむね問題ありません。指し示す範囲の広さもほぼ同じです。

　一方で「個人データ」と「個人情報」の関係はそうなりません。あくまで「個

人情報」を体系化したものが「個人データ」で、逆の成り立ちではありません。
もっとも、指し示す範囲の広さは同じといってよいでしょう。したがって「個人
データ」と「個人情報」とは、文脈によっては厳密に使い分けがされなくともや
むを得ないでしょう。

　さて、この表のように俯瞰すると、「パーソナルデータ」と「個人データ」は
指し示す範囲が大分違うということに気づきます。少なくとも「パーソナルデー
タ」の訳語を「個人データ」とするのは誤解を招きそうです。

　しかしながら、法制上の用語が必ずしも日常の言葉と同じ意味をもたないこと
も、よくあることです。たとえば法律で「善意の第三者」というときの「善意」
は、日常でいう「善意」とは大分違う意味です。

　データの解釈は文脈にも依存する、ということをすでに述べました。テキスト
も一種のデータであることを考えると、そこから読み取るべき情報もまた、文脈
に応じた解釈が必要になるでしょう。

3.3.2　パーソナルデータの分類

　ここでは、**世界経済フォーラム**（**WEF**：World Economic Forum）によるパー
ソナルデータの 3 つの分類を紹介します。

- **Volunteered data（提供されたデータ）**
  明示的に作られて共有されているデータ。SNS のプロフィールなど
- **Observed data（観測されたデータ）**
  個人の活動が記録保存されたデータ。携帯電話の位置データなど
- **Inferred data（推測されたデータ）**
  提供されたデータや観測されたデータの分析に基づくデータ。信用スコア
  など

3.3.3　プライバシーの分類

　続けて、**プライバシー**の分類を紹介します。パーソナルデータの不適切な活用
によって生じるのは、おもにプライバシーの問題ですが、プライバシーとは一体
なんでしょうか。広辞苑第 6 版では、次のように説明されています。

　プライバシー：他人の干渉を許さない、各個人の私生活上の自由。

一般的には、大きく分けて 3 つに分類できるとされています。

■ 身体のプライバシー

これは「他者に自分の身体を勝手に触られない」といったことです。「窃視されない」などもこれに含まれます。いわゆる盗撮された画像はプライバシーの侵害になり、これは身体のプライバシーに分類されます。

■ 情報のプライバシー

これは「秘密にしていることを暴かれない」ということで、いわゆる一般的なプライバシーはこれを指すでしょう。

■ 意思決定のプライバシー

これは「自分の意思決定が他者に介入されない」ということです。具体的な侵害事例は、2.1 節で述べた選挙コンサルティング会社による選挙広告です。ユーザーが想定していない相手に自分の情報が渡っていたという意味で、情報のプライバシーの侵害があったわけですが、それに加えて、選挙の基本原則の 1 つである自由選挙の原則（選挙人の自由な意思によって行われる）が、他人の干渉により不当に侵害されたという意味で、意思決定のプライバシーの問題でもありました。

3.3.4 ディスポジショナルプライバシー

上述の 3 分類に加えて、アニタ・アレンによる分類として、**ディスポジショナルプライバシー**を紹介します。翻訳が非常に難しいので、そのまま示すことにしました。これは「たとえ秘密にしていない情報からでも、心の状態を他者に知られない」ということで、プロファイリングがまさしくこれに対応します。3.3.2 項で紹介した分類による Volunteered data であっても、プロファイリングなどが行われればこの問題になる、という点がポイントになるでしょう。

3.4 「誰が」「なにから」「なにを」「なにに」？

　前節までで、パーソナルデータの定義とその分類、およびプライバシーの定義とその分類について述べました。本節では、「パーソナルデータの使われ方」の分類を試みます。

　マンガ『ドラえもん』に登場するひみつ道具に「かならず実現する予定メモ帳」があります。これは次のような、いわゆる「テンプレート」になっています。

| □ | が | □ | と・に | □ | で | □ |

　この空欄を適当に埋めると「どんなむりな予定でも」それが実現する、というすごい道具です。「と」と「に」は、いずれかを ✖ で消して使います。

　ドラえもんは、以下のように書いてドラやきにありつきました。

| パパ | が | いますぐ | ✖・に | おかし屋 | で | ドラやきもらってくる |

　パーソナルデータ活用も、これと同様にテンプレートで表現できます。

| □ | が | □ | から | □ | を得て | □ | に使う |

　たとえばターゲティング広告は、以下のような具合です。

例1　| 広告事業者 | が | Web 閲覧履歴 | から | 性年代 | を得て | 広告の出し分け | に使う

　要は『「誰が」「なにから」「なにを」して「なにに」使う』のか、ということですが、説明のしやすさのために、以下では次のように表すことにします。

- 誰　　が……《**利 用 主 体**》
- なにから……《**データ種別**》
- な に を……《**処 理 結 果**》
- な に に……《**利 用 目 的**》

■ 差異を見出す

　ここから、さまざまなパターンを考えることができます。前述のターゲティング広告の例で、《処理結果》を「推定した趣味嗜好」に変えてみましょう。

例 2　《利用主体》 広告事業者 が 《データ種別》 Web 閲覧履歴 から 《処理結果》 趣味嗜好 を得て 《利用目的》 広告の出し分け に使う

　こうすると、性年代の推定よりも、広告の効果が高くなることが期待できそうです。一方で、利用者は「性年代までならまだしも趣味嗜好まで推定されたくない」と感じることが考えられます。あるいは逆に「個人の趣味に合わせた広告ならまだしも、性別や年齢だけで出し分けされるのは押しつけられているようで不愉快だ」という人もいるかもしれません。

■ 共通点を見出す

　2.1 節で紹介した内定辞退率の問題では、次のようなパーソナルデータの利用をして大きな問題になりました。

例 3　《利用主体》 就職プラットフォーム事業者 が 《データ種別》 Web 閲覧履歴 から 《処理結果》 内定辞退率 を得て 採用企業への売却 《利用目的》 に使う

　《処理結果》もさることながら、《利用目的》の問題が大きすぎて目がくらんでしまいますが、ここではターゲティング広告との共通点である《データ種別》に着目しましょう。事件後の報道や報告によると、実はインターネット広告で用いられているものとまったく同じプラットフォームで「Web 閲覧履歴」が収集されていたようです。具体的には **DMP**（Data Management Platform）と呼ばれる枠組みです。突然現れた活用事例のようでいて、実は既存のターゲティング広告と地続きの事例だったのでした。

　「このやり方がダメということは既存のターゲティング広告もダメなのではないか？」という意見が出てもおかしくありませんし、実際に散見されました。つまりこの問題により、場合によってはターゲティング広告も十把一絡げにアウトにされてしまっていた可能性もあった、ということです。

3.5 《処理結果》を深掘りする

本節では、上述の要素のうちの《処理結果》を得る手続きについて考察します。

3.5.1 《処理結果》の位置づけ

種々の法制は、パーソナルデータの取得や利用目的に制限を設けています。多くの場合、パーソナルデータの取得では、利用目的を特定して利用者に示すことや、目的によっては同意を取ることが求められるルールになっています。また、日本の個人情報保護法では、「要配慮個人情報」などのセンシティブなデータについて、取得時にとくに同意が必要となっています。

それでは、取得したデータの《処理結果》はどういう扱いなのかというと、「パーソナルデータか否か」でいえばパーソナルデータです。3.3.2 項で述べた WEF による分類では、個人について推定したものも Inferred data（確定されたデータ）という分類で、パーソナルデータとして扱っています。また、個人情報保護法ガイドライン（通則編）でも、「個人に関する情報」を「事実、判断、評価を表すすべての情報」と表現しています。

したがって、《処理結果》も個人に紐づくかぎりはパーソナルデータとみなすべきなのは比較的明らかなのですが、推定や予測を機械学習の技術で行う場合に結果をどう扱うべきか、多少の混乱が巷ではあるようです。これはおそらく「統計処理」に関する、以下のような命題によるものと考えられます。

- 統計処理の結果としての統計データは、パーソナルデータではない
- 機械学習は、基本的にはなんらかの統計処理である
- 利用目的が統計処理への入力である場合は、同意などが不要である

以上はそれぞれ別の文脈で現れる命題で、それぞれの文脈においては真なのですが、これらが合わさるとなんとなく「パーソナルデータを機械学習の技術で処理した結果を利用することについては利用目的の特定が不要である」という解釈が可能であるように感じられてきます。ややもすると、「機械学習による処理結果は統計データなのでパーソナルデータではない」という解釈まであり得ます。しかしながら、この解釈は間違いを含んでいます。この間違いの理由は、それぞれの命題における「統計処理」という用語の意味が少しずつ異なることです。以下、それぞれの「統計処理」について検討しましょう。

3.5.2 「統計処理」の結果としての統計データ

「統計処理の結果としての統計データはパーソナルデータではない」という命題は、以下のような文脈で現れます。たとえば『「個人情報の保護に関する法律についてのガイドライン」および「個人データの漏えいなどの事案が発生した場合などの対応について」に関する Q & A』では、個人情報に該当しない事例として「統計情報（複数人の情報から共通要素に係る項目を抽出して同じ分類ごとに集計して得られる情報）」が挙げられています。また、GDPR では、統計処理は強固な匿名化の手法という扱いになっています。

この文脈での「統計処理」は、属性などでまとめられた各グループについて、要約統計量（平均や分散など）を求める操作を指しています。そして「統計データ」はその処理の結果で、グループの属性とそのグループの要約統計量のセットを指しています。

■ 統計データの作成

統計データの作成について、具体的な例を挙げましょう。たとえば、小売店で個票データとして取得した客ごとの売上のデータ（パーソナルデータ）があるとします。このデータから、性別と年代の属性でグループを分けて平均客単価を算出したテーブルは、典型的な統計データです（図 3.10）。

個票データ
（パーソナルデータ）

取引ID	日時	…	性別	年齢	売上[円]
1	20xx 年 x 月 x 日 x 時 x 分	…	男性	23	578
2	20xx 年 x 月 x 日	…	女性	31	2200
3	20xx 年 x 月 x 日	…	男性	37	1347
4	20xx 年 x 月 x 日	…	女性	53	423
5	20xx 年 x 月 x 日	…	女性	23	988
…	…	…	…	…	…
n	20xx 年 x 月 x 日	…	男性	20	861

統計処理 →
← 復元不能

統計データ
（パーソナルデータでない）

性別	年代	延べ人数	客単価[円]
男性	10 代	34	865
女性	10 代	30	917
男性	20 代	55	817
女性	20 代	66	810
…	…		…
男性	60 代以上	12	756
女性	60 代以上	34	961

図 3.10　統計データ作成の例

　要約統計量から個票データの項目を復元することは普通できないので、おおもとがパーソナルデータだったとしても、少なくとも個人識別性が失われていることから、統計データはパーソナルデータには該当しないというロジックです。

　プライバシー侵害のおそれを言い出すときりがないのですが、一般には統計データはパーソナルデータとしては扱われません。各グループのサイズが充分に大きく、かつ要約統計量の信頼区間も充分に大きければ、個票データの項目を復元することはできないので、プライバシー侵害のおそれはありません。逆にいうと、各グループのサイズが充分に大きいといえなかったり、要約統計量の信頼区間が充分に大きいといえなかったりする場合は、個票データの項目が復元できてしまう可能性があるので、プライバシー侵害のおそれがあります。

　統計データからのプライバシー侵害のおそれと、その評価については、第 5 章で説明します。

■ 統計データに基づく推定

　以上のような手続きで作成した統計データをもっていれば、属性しかわかっていないパーソナルデータに対する推定を実施できます（図 3.11）。とくに平均値や中央値などの要約統計量は集団の代表値なので、推定値として使うことに一定の妥当性があります。属性を結合のキーにすることで、値が未知のカラムを推定値で埋められます。

　ただし、このような処理は「統計処理」ではないという点は注意が必要です。あくまで「統計処理」は統計データを作成することを指しているので、統計データを利用することは「統計処理」ではありません。この注意点を念頭に置いたうえで、次に機械学習について検討しましょう。

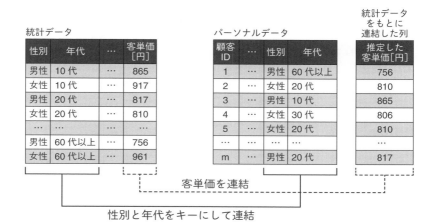

図 3.11 統計データに基づく推定の例

3.5.3 機械学習と「統計処理」

「機械学習とはなにか」という本質的な問いは別の専門書に譲りまして、ここでは前述の「統計処理」との関係に着目して検討します。機械学習はよく統計処理と比較されており、ほとんど同一視する立場もあるようです。それをテーマにした記事では、以下のような意見が例示されていました。

> 機械学習とは結局のところ、応用統計学である。
>
> https://medium.com/未来の仕事/結局-機械学習と統計学は何が違うのか-edb629469b21

もちろん、これはさまざまな立場のうちの 1 つですが、「機械学習は基本的にはなんらかの統計処理である」という立場は珍しいものではありません。この文脈における「統計処理」は、確率統計学とその応用全般を指しています。前述の「属性に応じたグループごとの要約統計量」を得る操作は、この文脈からすると「統計処理」のごくごく一部しか指しません。

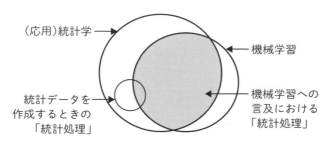

図 3.12 それぞれの文脈での「統計処理」

　もっとも、上の命題はアルゴリズムに着目したもので、機械学習の一側面に過ぎません。機械学習の枠組みに着目すれば、次のような説明になるでしょう。

機械学習は、あらかじめ与えられた「入力」について妥当な「出力」が得られるしくみを自動的に得るものである。

　機械学習の分野では、入力と出力の関係をなんらかの形で表現するものとして自動的に得られたものを**学習済みモデル**と呼びます。学習済みモデルを使うことで、統計データを使った場合と同様の推定を実施できます。属性を「入力」として、推定したい値を「出力」とすればよいわけです。

■ **学習済みモデルの扱い**
　統計データと同様に、学習済みモデルから個票データの項目を復元することは、普通はできません。そのようなモデルが生成されることも場合によってはありますが、過学習と呼ばれて避けるべき状態とされているので、適切に作成された学習済みモデルであれば問題ありません。
　このようにして得られた学習済みモデルは、パーソナルデータとしての性質を失っていると考えられるので、「パーソナルデータに該当するか否か」という観点においては、統計データと同様の扱いをすることに正当性があります。

3.5.4 利用目的と「統計処理」

次に「利用目的が統計処理への入力である場合は同意などが不要である」という命題について考えましょう。『「個人情報の保護に関する法律についてのガイドライン」および「個人データの漏えいなどの事案が発生した場合などの対応について」に関するQ＆A』に、次のような表現があります。

統計データへの加工を行うこと自体を利用目的とする必要はありません。

前述のように、個票データの項目が復元できない統計データはパーソナルデータとしては扱われず、統計データへの加工を行うこと自体を利用目的とする必要もないのならば、特定すべき利用目的はない、というのが論理的な帰結です。この文脈での「統計処理」は、狭い意味での「統計処理」です。

「統計データの作成」はそれでよいのですが、「統計データに基づく推定」はどうでしょうか。『「統計データ」がパーソナルデータとして扱われないのだから、その利用についても利用目的の特定は不要では？』と思いきや、そうではありません。「統計データに基づく推定」が、具体的にどういう手続きだったか思い出しましょう。これは「属性しかわかっていないパーソナルデータ」の属性を結合のキーにすることで、値が未知のカラムを推定値で埋めるというものでした。

この推定では、「属性」を結合のキーとして「利用して」います。そしてこの「属性」は、識別された個人に紐づいています。したがって「統計データに基づく推定」は「パーソナルデータの利用」と考えるべきです。これは、機械学習を用いた場合も同様です。

3.5.5 「テンプレート」への当てはめ

これまで述べた「統計処理」についての検討を踏まえて、小売店が売上データをもとにした統計処理（機械学習を含む）によって顧客の属性から客単価を推定して、それに応じておすすめ商品の出し分けをする、という活用事例を考えてみましょう。これは、次の2つのパターンの組み合わせになります。

例 4-1　《利用主体》 小売店 が 《データ種別》 売上データ から 《処理結果》 統計データや学習済みモデル を得て 自店舗での活用 《利用目的》 に使う

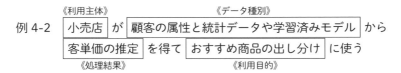

例 4-1 については「統計データや学習済みモデルの生成が《利用目的》ではないのか」と考える方もいるかもしれません。それも一理あります。しかしながら、なにに使うのかをまったく想定することなく統計データや学習済みモデルの作成自体を目的にするということは、実際的には考えにくいのではないでしょうか（もしそういうことがあれば、あまりにも不毛です）。自分で使うならば、上の例のように「自店舗での活用」が《利用目的》ですし、あるいは統計データや学習済みモデルを販売するのであれば「統計データや学習済みモデルの販売」が《利用目的》になるでしょう。

私見ですが、前述の『Q & A』の「統計データへの加工を行うこと自体を利用目的とする必要はありません」という表現は「統計データへの加工は特定すべき利用目的ではない」と読み取れますが、同時に「統計データや学習済みモデルはあくまで《処理結果》なので、それをどのように使うのかという《利用目的》は別途あるはずである」という意味も含んでいるように思われます。

3.6 「誰と」「どこまで」?

以上のように、テンプレートの考え方は利用のパターンを整理する際に有用なのですが、このテンプレートですべてのパターンが網羅できるか、というとそうでもありません。とくに、以下の要素は別に考える必要があります。

- 第三者提供
- 委託や共同利用
- 公開

3.6.1 第三者提供

個人情報保護法で、**第三者**とは、当事者以外を指します。基本的には、個人情報取扱事業者と個人データで識別される本人以外がすべて第三者となります。なお、次に示す所定の条件下で委託や共同利用をする場合は、委託先の事業者や共同利用する事業者も第三者ではない、ということになります。

- **委託**
  - 委託元の利用目的の達成に必要な範囲内にかぎる
  - 個人データの安全管理について委託先への監督責任を負う
- **共同利用**
  - 以下の項目をあらかじめ本人に通知しているか容易に知り得る状態に置いているとき
    - 共同利用をする旨
    - 共同して利用される個人データの項目
    - 共同して利用する者の範囲
    - 利用する者の利用目的
    - 当該個人データの管理について責任を有する者の氏名又は名称

委託や共同利用であれば、データを提供することについての同意は要りません。ただし、提供先が国外の事業者である場合は、「外国にある第三者」として特別扱いになって、「委託や共同利用ならば第三者とならない」といったルールが適用されなくなります。つまり、委託や共同利用であっても「外国にある第三者への提供」についての同意が、別途必要になります。

■ 委託と共同利用の違い

上の条件だけを見ると、委託の場合は委託先をユーザーに知らせる必要がない一方、共同利用の場合は「共同して利用する者の範囲」を含めてユーザーに知らせる必要があり、委託のほうが諸々の面倒がないように見えます。「だったらすべて委託ということにすれば解決」……とはいきません。委託では「委託元の利用目的の達成に必要な範囲内」にかぎる、という条件があるからです。あくまで委託元の業務を「肩代わり」しているのですから、委託先は提供されたデータを、自社の利用目的のもとで利用することはできません。

たとえば委託先の事業者は、自社がもっているデータと提供されたデータとを

突合して、自社で利用するといったことはできません。一方で、共同利用の場合は、提供元も提供先もそれぞれ利用目的をユーザーに知らせることで、自社がもっているデータとの突合を利用目的に含めることができます。

■ クラウドストレージの位置づけ

　技術の発達によって、数テラバイトの容量の大規模なデータが比較的容易に扱えるようになりました。しかし、その大規模なストレージ容量を自前で用意しているという状況は、いまやまれとなりました。これはクラウドコンピューティング技術によるものです。

　クラウドコンピューティングとは、インターネットを介して「どこか」にある計算機リソース*2を利用できるしくみ全般を指しています。提供されるリソースがストレージ容量である場合は、**クラウドストレージ**と呼びます。

　クラウドストレージの実態は、インターネット上の「どこか」にあるわけですが、それは多くの場合で海外です。しかし実際にどこにあるのか意識することは、あまりありません。そもそもどこにあるサーバーにデータが保存されるのか、それどころかサーバーの存在そのものを気にしなくてよいというのが、クラウドコンピューティングの考え方です。

　このような状況で個人データをクラウドストレージに保管するとき、同意を取る必要があるのか疑問が湧きます。クラウドストレージでデータを保管する場合は、データ処理業務を委託しているのではなく、データの保管や保護を委託していることになります。この場合は仮に外国にある第三者への委託であっても、とくに同意は必要ではありません。

■ ガバナンスの観点

　前述のとおり、委託や共同利用の関係がないならば、グループ会社や子会社でも、親会社であっても第三者です。資本関係は考慮に入れません。親会社に対して子会社が委託するのであれば、親会社に対する監督義務が子会社にあるということになります*3。

＊2　「計算機リソース」についての詳細は第 5 章で説明します。
＊3　親会社に対して子会社が委託するパターンとしてよくあるのが、中央研究所をもつ企業が子会社の
　　　データ分析に関する研究開発を受託する場合です。

　第三者か否かの判断に資本関係は考慮に入れないといいながらも、ユーザーからすると資本関係は無視できない要素です。実際にどのような管理が行われているかにかかわらず、子会社がもつデータに対する優越的な地位を親会社はもっているのではないかという懸念が、ユーザーにはあるでしょう。また、子会社が親会社に委託して監督責任が生じる場合でも、はたして親会社に対して子会社のガバナンス（統制）が効くのだろうかという心配もあります。

　ここで、「個人情報の保護に関する法律に係る EU および英国域内から十分性認定により移転を受けた個人データの取り扱いに関する補完的ルール」という文献を参照しましょう。これによれば、「外国にある第三者への提供」についての同意が例外として必要なくなる場合として、次のような記載があります。

　　個人情報取扱事業者と個人データの提供を受ける第三者とのあいだで、当該第三者による個人データの取り扱いについて、適切かつ合理的な方法（契約、その他の形式の拘束力のある取決め又は企業グループにおける拘束力のある取り扱い）により、本ルールを含め法と同等水準の個人情報の保護に関する措置を連携して実施している場合

　これは、個人情報の保護に関する法律施行規則第 11 条の 2 で規準として挙げられている要件を指している、と考えられますが、「企業グループにおける拘束力のある取り扱い」という文言から、「ガバナンスが効くか」という点が焦点になっているように見受けられます。これは、企業が「ユーザーよりもほかのなにかを優先するかどうか」という問題です。「ほかのなにか」というのは、ここではたとえば株主です。資本関係がある場合は、親会社もそこに含まれるでしょう。

　企業にとってユーザーのほかに優先しそうななにかがある場合、どのようにユーザーは企業に対して「信頼」をおくのでしょうか。「信頼」については、第 6 章で詳しく述べます。

3.6.2　ガバメントアクセス

　データの提供先が外国にある場合には、ガバメントアクセスも問題になります。参考文献 [4] によれば、**ガバメントアクセス**は「政府機関などの公的機関による、民間部門が保有する情報への強制力を持ったアクセス」のことを指しま

す。典型例として、令状に基づく差し押さえなどが挙げられています。個人データの第三者提供にあたって同意が不要である場合として、委託や共同利用を挙げましたが、「国の機関又は地方公共団体が法令の定める事務を遂行する」場合についても同意が不要です。利用目的の通知も、この場合は必要ありません。

さて、ガバメントアクセスの類型は、以下のように分類されています [4]。

- **公共の安全（国家安全保障）**
  - 犯罪捜査（通常の刑事手続）
  - 諜報活動（特定情報）
  - 諜報活動（バルクデータ）
- **産業政策**
  - 強制技術移転

これらの目的のもと、公的機関によって、同意や利用目的の通知なしに個人データは利用されてしまうのでしょうか。

実際には、これらが制約なしで行われることはありません。たとえば日本では、犯罪捜査は原則的に令状主義に基づいて行われています。また、諜報活動は行っておらず、該当する法律もありません。他国においては、米国では、最小化手続の規定のもと、謙抑的に実施されているそうです。EU では、議論はなされているものの EU レベルでの法令はなく、各国別の立法措置が講じられており、比例性テスト*4を満たすか否かという観点で、やはり謙抑的に実施されているようです。その一方で、中国では、国家情報法などにより民間事業者が政府の治安維持活動に協力する義務を負っており、ガバメントアクセスのリスクはほかの国々より比較的大きい状況であることが指摘されています。

ガバメントアクセスのリスクも、やはり企業が「ユーザーよりもほかのなにかを優先するかどうか」という問題で、「ほかのなにか」が政府機関などである場合です。ただしガバメントアクセスの場合は、強制力がある点が「ほかのなにか」が株主や親会社である状況と異なります。

---

*4　目的が適法であることと、その手段が合理的であることの確認。

　以上のような事情により、外国の第三者への提供については、原則的に同意が必要とされていると考えられます。また、令和 2 年改正個人情報保護法によって、提供先の国名を明示することが必要になりました。それまでは「外国にある第三者への提供」についての同意で十分で、その外国が具体的にどの国かということを示す必要はありませんでした。

　上述のような国ごとの法制の違いを考慮に入れると、提供先の国名を明示することは必要であると考えられます。しかしながら、それを利用規約やプライバシーポリシーで示して、利用規約への同意を以て「外国にある第三者への提供」についての同意を得たことにするというのは、利用規約やプライバシーポリシーを隅々まで読むユーザーが少ないことを考えると、あまり適切とはいえないかもしれません。

■ 公開

　原則として、公開は第三者提供にあたります。したがって、個人情報を公開するにあたっては、同意かオプトアウトが必要です。

　もっとも、事業者による公開を前提として本人から提供されている個人情報もあります。たとえば、SNS の公開プロフィールなどです。こういったものを第三者が取得する場合は、「本人による提供」とみなすため第三者提供にはあたらず、確認・記録義務はないことがガイドライン（第三者提供時の確認・記録義務編）[5] で示されています。つまり、SNS の公開プロフィールを第三者が取得する場合の「本人と SNS 事業者と第三者の関係」は、図 3.13 に示す解釈ではなく、図 3.14 に示す解釈になります。

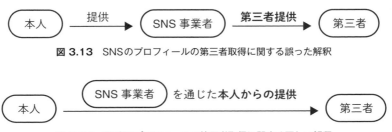

図 3.13　SNSのプロフィールの第三者取得に関する誤った解釈

図 3.14　SNSのプロフィールの第三者取得に関する正しい解釈

　2.4 節で述べた破産者情報サイトの例も、同様の考え方で整理することができます。「破産者の個人情報はもともと公開されている情報なのだから、見せ方を変えて改めて公開しても問題ないのではないか」という見解がありましたが、「公開されている個人情報を第三者が記録すると、その第三者が個人情報を取得したことになる」という点がポイントです。したがって、記録（保存）するだけでも利用目的の通知や公表が必要になります。さらに公開する場合は、オプトアウトや同意が必要です。

　もっとも、官報公告による個人情報の公開は国の行政機関によるものなので、そもそも個人情報保護法は適用されません。そのかわり、行政機関個人情報保護法が適用になりますが、個人情報の保護に関する法律についてのガイドラインは適用になりません。しかしながら、いずれにしても官報に掲載されている破産者情報が個人情報であることには変わりはなく、第三者がそれをデータとして記録すると個人情報を取得したことになり、その第三者は個人情報取扱事業者となります。

参考文献

[1] 吉田哲・塩田国之 (2019)「米国特許における"information"と"data"の使用頻度と審査結果に与える影響について、及び、「情報」を"information"と訳すことの妥当性についての考察」、『パテント』、第72巻、第7号、70–80頁。

[2] 文部科学省 (2019)「高等学校情報科「情報 I」教員研修用教材」、URL：https://www.mext.go.jp/a_menu/shotou/zyouhou/detail/1416756.htm、2021年9月閲覧。

[3] 国立情報学研究所 匿名加工情報に関する技術検討ワーキンググループ (2017)「匿名加工情報の適正な加工の方法に関する報告書2017年2月21日版」、URL：https://www.nii.ac.jp/research/reports/pd/report-kihon-20170221.pdf、2021年8月閲覧。

[4] 渡辺翔太 (2019)「ガバメントアクセス（GA）を理由とするデータの越境移転制限―その現状と国際通商法による規律、そしてDFFTに対する含意―」、『RIETI ディスカッション・ペーパー19-J-067』、経済産業研究所、URL：https://www.rieti.go.jp/jp/publications/dp/19j067.pdf、2021年8月閲覧。

[5] 個人情報保護委員会 (2016)「個人情報の保護に関する法律についてのガイドライン（第三者提供時の確認・記録義務編）」、URL：https://www.ppc.go.jp/personalinfo/legal/、2021年9月閲覧。

第4章
パーソナルデータまわりの権利や決まり

　この章では、ユーザーデータの扱い方について、事件例や法令などを踏まえて広く説明します。パーソナルデータという観点で考えると、プライバシーに配慮し、かつ個人情報としての取り扱いに注意すれば十分だと感じられるかもしれません。しかし、実際に事業者が使うユーザーデータには、それ以外にもさまざまな権利が付随している場合があります。個人情報保護法上では問題がなくとも、なんらかの不法行為に問われるということは大いに考えられます。

　本章では、そういった関連する権利や法令を含め、ユーザーデータの適切な取り扱いについて考察していきます。

　本章では、パーソナルデータに付随する権利に関する属性を次の 3 つに大別し、それぞれに関係する権利や法令などを含む決まりについて説明します。

- 著作物
- 限定提供データ
- その他

「その他」は包括的な項目で、組み合わせなどで表現されるものを指します。法制に詳しい方にとっては、この分け方は体系立ったものに見えないかもしれません。しかしながら、データ分析業務に携わっていると「よく見るのは大体この 3 つだなあ」という肌感覚があり、あえて体系的な厳密さより実用性を優先してこのような分類にしました。

4.1　著作権

　本節では、ユーザーデータに付随する権利として考えられる、**著作権**について述べます。パーソナルデータは広く個人に関するものを指していましたが、そのなかには、利用者の著作物となるデータも含まれています。個人に関する情報や個人情報に関しては個人情報保護法で定義されていましたが、著作物については著作権法で規定されています。以下、著作権の概略と、データとして取り扱う場合の注意点について述べます。

4.1.1　著作権があるかもしれないもの

　著作物は、法律で次のように定義されています。

> 思想又は感情を創作的に表現したものであって、文芸、学術、美術又は音楽の範囲に属するもの

著作権法第2条第1項第1号

　この判断は、意外に難しいものです。文章や絵、写真などは著作物である可能性が高いものですが、たとえば事実を記述しただけのものは「思想又は感情を創作的に表現したもの」という要件を満たさないので、著作物とはみなされま

せん。それでは「ニュース記事は事実を記載するだけのものなので著作物ではないのか」というと、そうでもない場合があります。たとえば「何月何日の日経平均株価の終値は〇〇円でした」といった記述は事実を記載しただけなので著作物にはなりませんが、この記事に記者や有識者による解説がつくと創作性を帯びてきます。一方で、ニュースの見出しには記者の創作性が入っていそうですが、文字数などの制約により創作性が入る余地が少ないので、必ずしも著作物性は認められない、という高裁判決があります（この事例は、のちほど詳述します）。

結局、「これこれは総じて著作物である」ということはできず、個別に判断する必要があるのですが、たとえばユーザーが SNS などに投稿した文章や画像をパーソナルデータとして扱う場合には、個別の判断は現実的ではありません。やむを得ないので、文章や画像などの著作物である蓋然性が高いものは、いわゆる「安全側に倒す」ことにして、著作物として扱うものとします。そのうえで、本節では著作物をデータにしたものをどう取り扱うべきかを考えます。

4.1.2　著作権者はどのように権利を行使できるか？

著作権をもっている人や法人を、**著作権者**といいます。著作権者による権利の行使のパターンは、次のとおりです。

- **利用**：自分で著作物を利用する
- **譲渡**：ほかの人に譲り渡す
- **許諾**：ほかの人が使うことを許す

なお、譲渡や許諾がないのに第三者に使われたときには差し止めることなどもできますが、それには条件があります。むやみやたらに権利を行使することはできません。文化庁の資料に、次のような記述があります。

> 文化的所産である著作物などの公正で円滑な利用が妨げられ、かえって文化の発展に寄与することを目的とする著作権制度の趣旨に反することにもなりかねない

https://www.bunka.go.jp/seisaku/chosakuken/seidokaisetsu/gaiyo/chosakubutsu_jiyu.html

著作権法は著作権者の権利を守ると同時に、ある程度の制約を与える側面もあるわけです。

■　「著作権は権利の束」

「著作権は権利の束」という言い回しがあります。著作権と呼ばれる権利には、以下のようなさまざまな種類の権利があります。

- ● 著作者の権利
  - ○ 著作権（財産権）
    - ■ 複製権
    - ■ 公衆送信権
    - ■ 二次的著作物の利用に関する権利
    - ■ 頒布権／譲渡権／貸与権／上映権／演奏権／展示権／口述権／翻訳権・翻案権など
  - ○ 著作者人格権
    - ■ 公表権／氏名表示権／同一性保持権／（名誉声望保持権）
- ● 著作隣接権
  - ○ 放送事業者の権利／有線放送事業者の権利
  - ○ 実演家の権利／レコード製作者の権利

もっとも、著作物をデータとして扱う場合に関わる権利としては、複製権・公衆送信権・著作者人格権などを押さえておけばよいと思われます。

複製権は、コピーする権利です。コンピューターでデータを扱うとき、あらゆる場面で複製が行われます。データ分析をするためのストレージへの蓄積、バックアップやキャッシュ、それどころか主記憶装置（いわゆるメモリー）への読み込みも、すべてまずは複製として扱われます。そのうえで、例外として許諾が必要ない、というロジックになっています。

ダウンロードはもちろん複製ですが、これらとは少々別の考え方に基づきます。原則的には私的複製ということで、許諾が必要ありません。ただしさらに例外があって、ダウンロードするコンテンツが違法にアップロードされたものである場合は、私的複製の適用除外ということで違法です。パタン、パタン、とカードが表になったり裏返ったりするように、例外の例外でやっぱり駄目、ということはあります。

4.1.3　SNSで写真を共有するときの権利の処理

　ここまでわかったところで、SNSで写真が共有されるときを例にして、権利がどのように処理されているかを考えましょう。

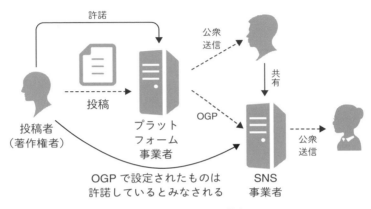

図 4.1　SNSにおける共有

　ブログにユーザーが写真を投稿したとします（図4.1）。この投稿は、ブログのプラットフォーム事業者が作ったシステムでインターネット上で見られるようになります。投稿された記事や写真自体の著作権は投稿者にありますが、プラットフォーム事業者が行っている「インターネット上で見られるようにする」という行為には、投稿者がもつ著作権のうちの**公衆送信権**が必要です。したがって、プラットフォーム事業者に対して投稿者から著作権が譲渡されているか、利用が許諾されている必要があります。多くの場合、こういったサービスの利用規約には、投稿によって利用を許諾することになる旨が書かれています。

　さて、この投稿をSNSで共有する人が現れたとします。SNS上で投稿を共有すると、多くの場合でタイトルと説明文とアイキャッチ画像が自動的に挿入されます（画像付きサマリーカードと呼ばれます）。このとき、SNSの事業者と投稿を共有した人は、著作権者の許諾を得ているのでしょうか？ 実は大抵の場合、SNSでの共有などの際に自動的に表示される画像として、**OGP画像**というものが設定されています。利用規約に基づいて、このような利用は許諾されている場合が多いようです。

　さて、図 4.1 の例は問題ないのですが、もとの投稿がほかの誰かの著作権を侵害していた場合はそのかぎりではありません（図 4.2）。記事の投稿者はもちろん、もとの投稿が著作権を侵害していると知っていた場合は、共有した人にも累が及ぶことがあるようです。

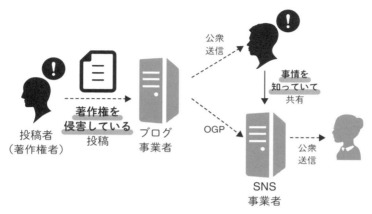

図 4.2　SNSにおける共有による侵害

　また、ときどき「拾いものですが」といって第三者が投稿する場合があります。これは、ダウンロードまではよくても、投稿するのは複製権や公衆送信権の侵害です（図 4.3）。さらに「拾いもの」ともいわずに自分が撮ったかのようにした場合、**著作者人格権**の侵害にもなります。

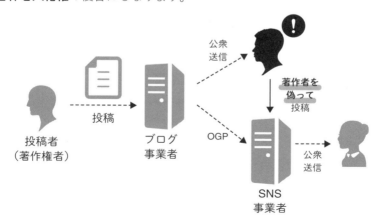

図 4.3　著作者人格権の侵害

共有は、一見自由に行われているようで、ちゃんと権利の処理がされて許諾のもとに行われているということです。つまり、広く共有されているからといって、権利が消えてしまうわけではありません。

4.2 限定提供データ

限定提供データは、「著作物にも営業秘密にも該当しないものの、保護するべきデータ」として定められたもので、不正競争防止法の平成 30 年度改正から取り入れられた比較的新しい概念です。パーソナルデータは、ほかの事業者から限定提供データとして提供されることがあります。本節では、どのようなものが限定提供データに該当するのか説明して、その利用にかかる注意点を示します。

4.2.1 限定提供データの位置づけ

一般に顧客データやそれに紐づく売上データは、個人データであると同時に、**営業秘密**として不正な持ち出しなどから守られます。また、公開されているデータであっても、著作性があれば著作権法で保護されるのは前述のとおりです。

一方、収集に労力がかかっているものの他者に広く提供されており、かつ著作性がないデータは、営業秘密としても著作物としても守られないという難点がありました。たとえば、「顧客データに紐づく売上データについて商品ごとに顧客の属性を集計し、消費動向データとして小売店に提供するもの」などです。

不正競争防止法の平成 30 年度改正によって、このようなデータも**限定提供データ**として守られるようになりました。参考文献 [1] で限定提供データの例として挙げられているもののうち、消費動向データや車両の走行データ、人流データなどは、もとをたどるとパーソナルデータです。それぞれ統計情報として集計されることで個人データではなくなりますが、限定提供データとして提供したりされたりすると、法による保護の対象となります。

4.3 通信の秘密

ここまで、パーソナルデータが、「個人情報である場合」「著作物である場合」「限定提供データである場合」について、それぞれ具体的に説明しました。ここ

からは、これら以外のパターンや、複合的なパターンについて説明します。まず
は、「通信の秘密」についてです。

通信の秘密は、通信の当事者にとっては関係がないものです。たとえば事業者
A が事業者 B との通信を介して得た秘密の情報を漏えいさせた場合、「営業秘密
の漏えい」ではありますが「通信の秘密の侵害」とはいいません。通信の秘密の
対象は、第三者が通信を媒介するときに媒介する事業者が知り得るものです。

通信を媒介する事業とは、たとえば郵便事業や電気通信事業です。そして、
一般に SNS 事業を行っている事業者は、電気通信事業者とみなされます。一般
に、SNS 事業は利用者間のダイレクトメッセージ（DM）機能や、グループ内で
閉じたチャット機能などをもっているからです。

「電気通信事業参入マニュアル」[2] によれば、「利用者間のメッセージの媒介
を行う機能（ミニメール）」も、「サイト上にチャットルームを開設してアクセス
した利用者と不特定の会話希望者とをマッチングし、両者間のみに閉じた会話な
どを媒介する機能（クローズド・チャット）」も、いずれの機能を提供している
場合でも「登録または届出を要する電気通信事業」と判断されます。

なお「電気通信事業者における大量通信等への対処と通信の秘密に関するガイ
ドライン」[3] によると、通信の秘密の範囲は次のように示されています。

「通信の秘密」の範囲には、個別の通信に係る通信内容のほか、個別の通信に係る
通信の日時、場所、通信当事者の氏名、住所・居所、電話番号などの当事者の識
別符号等これらの事項を知られることによって通信の意味内容を推知されるよう
な事項すべてが含まれる。

この定義だと、なんでもかんでも、たとえばアクセスログも通信の秘密になっ
てしまいます。実際に、アクセスログに記録される事項には通信の秘密に該当す
るものが含まれていますが、現状把握などの目的の範囲内でアクセスログを取る
ことは、正当な業務による行為（**正当業務行為**）として罰せられません。

さらに、目的から正当業務行為と認められる状況ならば、日ごろから統計情報
を作成しておくことにも違法性が阻却されます。

「自社契約者から特定の ISP 別へのトラヒック及びその通信種別情報」及び「特定の ISP 別から自社契約者へのトラヒック及びその通信種別情報」を収集することは、個別の通信に係る送信元及び送信先 IP アドレスを検知して利用しているため、通信の秘密の侵害に当たる。

ただし、設備増強の必要性の判断その他の自社業務を適正に遂行するなどの業務目的のために、必要な範囲でそれらの情報を収集することは、正当業務行為として違法性が阻却される。

電気通信事業者における大量通信等への対処と通信の秘密に関するガイドライン、p.16-p.17

そして、以下のように通信の秘密の保護が及ばない形になっていれば、ほかの目的に利用することにも問題はないとされています。

設備増強の必要性などの判断その他の自社業務を適正に遂行するなどの目的のために取得した通信ログデータを、ほかの目的に利用することは、通信の秘密の侵害（窃用）に当たりうる。

もっとも、個別の通信との関連性がないなど、通信の秘密の保護が及ばない形にデータが統計処理されている場合には、これを事業者間で共有しても問題はない。

電気通信事業者における大量通信等への対処と通信の秘密に関するガイドライン、p.17

これは個人情報の取り扱いと似ています。

さらに、通信当事者の有効な同意がある場合にも通信の秘密の侵害にはなりません。前述の提言に、有効な同意の要件が次のように挙げられています。

デフォルトオフ（役務提供の初期設定では同意を推定しないこと）で個別の同意（例：発信時の画面表示での確認）を得ることを条件

利用者視点を踏まえたICTサービスに係る諸問題に関する研究会 第二次提言、p.12

同意取得の体裁の具体例としては、「発信時の画面表示での確認」が挙げられています。個別の同意を得て通信ログデータを取得する場合の例として、SNS におけるメッセージ監視が挙げられます。SNS では、サービス内のメッセージ交換を通じた児童被害の防止を目的として、利用者から得た有効な同意のもとに、事前もしくは事後のメッセージの監視が行われることがあります。

4.4　複合的に考えるべき事例

　さて、ここまではデータそのものに権利が及んでいる場合の話をしてきましたが、そうでなくても問題になるというパターンがあります。本節では、複合的な要因により問題となった事例を紹介します。

4.4.1　ニュース見出しの無断配信訴訟

　新聞の見出しがネットニュースに無断転載されたとして、新聞社がネットニュースの配信会社を訴えた事例がありました。ニュースの見出しには著作権がありそうなのですが、判決では「個別の判断が必要」であり、かつ「個別に判断した結果、著作物ではない」ということになりました。著作物かどうかの判断は難しいことが、ここからもわかります。

　では合法だったのかというと、そうではありませんでした。新聞の見出しは新聞社がそれで商売をしていることもあり、第三者が営利目的で無断で利用するのは不法行為ということで、損害賠償が命じられました。

4.4.2　クローリングの是非

　Web サイトを自動で巡回して、片っ端からダウンロードするプログラムを走らせることを**クローリング**と呼びます。クローリングで得られたデータの取り扱いにも注意が必要ですが、それ以前にクローリングという行為そのものが問題になった事例がありました。図書館の Web サイトに対するクローリングが原因で館内の蔵書検索システムなどが使えない状況になってしまい、クローリングを行った技術者が偽計業務妨害で逮捕されたというものです。「岡崎市立中央図書館事件」や「Librahack 事件」と呼ばれています。

　結果的にその技術者は起訴猶予となりましたが、技術者にとっては特段サーバーに高い負荷は与えないはずのクローリングで不具合が生じてしまったこともさることながら、逮捕にまで至ったのはなかなかに衝撃的な出来事でした。

　詳細は割愛しますが、この事例はさまざまな要因が絡まり合った末でのことで、どちらかというと特殊な例であることがわかっています。したがって、クローリング自体に問題があるとみなす必要はないでしょう。ただし『専門家にとっては普通の行為でも、非専門家に対して「犯罪ではないか」という疑念を抱

かせることがある』という点で、技術者倫理の根本的な部分を浮き彫りにした事例だといえます。

4.4.3 データベースに著作権はあるか

クローリングでは、結果的にサーバーのデータベースの内容をまるごとコピーすることになる場合があります。なにかの権利の侵害になりそうですが、これは著作権の問題でしょうか。いくつかの観点があるので、順を追って考えてみます。

■ データベースの著作権

このようなシチュエーションで誤解されやすいものに「データベースの著作権」があります。これはデータベースに著作物性がある場合の権利なのですが、データベースの中身ではなく構造を対象としています。データベースは意外と複雑な構造をもっていることが多く、設計にも創意工夫の余地があります。そうしてできあがった構造に対して著作物性を認める、というものがデータベースの著作権の考え方です。もちろん誰がやっても同じようになる場合はあって、そのときは著作物性はないと判断されます。

いずれにしても、「データベースの著作権」はデータの内容についての権利ではない点に注意してください。データベースを倉庫に例えれば、「構造を考えること」は「レイアウトを考えること」に該当します。レイアウトに創意工夫が認められたとしても、その価値は倉庫に納められる荷物の価値とは別のものとして考える必要がある、ということです。一般に倉庫のレイアウトに著作権はないので例えとしては不適切かもしれませんが、データベースの構造と中身の関係について理解するためのものだと割り切って考えてください。

■ データベースに格納されたデータの権利

以上のように、データベースの構造に関する権利は、クローリングするうえではあまり考慮する必要はありません。ただし、もちろんデータそのものに著作権などのほかの権利があれば、データにその権利が及びます。

また、前述のニュース見出しの例のように、有償で提供されているサービスを対象とし、もともとのデータベースを提供している事業者の営業妨害になるよう

な場合は、著作権などの知的財産権の話にはならずとも問題になり、一般不法行為となる場合があります。

4.4.4　機械学習のための入力にする場合

　機械学習のための入力にする場合は、前節で述べたような統計情報への入力とみなせる場合であれば、個人情報であっても問題になりません。また、著作物であったとしても自由に利用できます。機械学習の入力としての利用は、著作権法第 30 条 4 で定められている「著作物に表現された思想又は感情の享受を目的としない利用」とされており、例外として許諾がいりません。

　以上のように、機械学習の入力とするぶんには問題にならないのですが、機械学習の出力は問題となるケースがあります。

4.4.5　機械学習の出力に及ぶ権利

　『ドラえもん』の「週刊のび太」というエピソードに、「まんが製造箱」というひみつ道具が出てきます [4]。見本としてまんが作品を入れると、その作者の絵柄や作風を分析して、そっくりの能力を身につけるというものです。作品のコピーを作るのではなく作風をコピーするという点が、未来のひみつ道具らしいところです。物語中では、のび太くんが「手塚先生」の単行本を入れて「SF まんが！ 迫力ある宇宙冒険物。笑いや涙ももりこんで二百五十ページ読切り。」と指示すると、このひみつ道具から「ほんとに手塚先生がかいたみたい」な原稿が出力されます。

　このエピソードを彷彿とさせる出来事が現実にありました。「TEZUKA2020」というプロジェクトで、機械学習の技術を応用して手塚治虫の「新作」を作ろうというものです。このプロジェクトも「絵柄や作風の分析」のフェーズにおいて、それまでになかったアプローチで機械学習の技術を応用していました。

　このようなシステムが出力するもので、かつ人が観賞して楽しめるような、一見すると著作物のように見えるものにはどのような権利があるのでしょうか。参考文献 [5] を参照しながら、この問題について考えましょう。

　参考文献では、人間ではないものの作成物として、サルの自撮り写真の事例が紹介されています。「サルがでたらめにタイプライターを打ったとき、十分に時

間をかければ、いつか必ずシェイクスピアの作品を打ち出す[*1]」という例え話があります が、その確率に比べれば、サルがシャッターを押して自撮り写真が偶然 できあがることのほうが、ずっと高い確率で起きるでしょう。

　生成モデルによって生成されたものも、同様に考えます。サルの自撮り写真の 場合は、動物は著作者にならないという判断で著作権は認められませんでした。 同様に、現状では生成モデルが生成するものに著作権は認められません。

　ところで、「まんが製造箱」では、のび太くんが機械に指示することで初めて まんがが出力されました。一方、昨今の漫画制作はおもにデジタルで行われてい て、カケ網やトーンなどの「表現」は、作画ソフトで生成されている場合が多く あります。このように作画ソフトに指示して人が作成したものについては、指示 した人による著作性が認められて、その作品に著作権があることになります。

　しかしながら、「まんが製造箱」の例では、のび太くんが指示しているのはあ くまでアイデアです。表現は機械が生み出しているとすると、アイデアは著作権 の対象外ですから、著作権では守られないことになります。

　もっとも、「まんが製造箱」のように出てきたものがそのまま観賞に堪えうる ことは、技術的な問題でいまのところはまれです。そのような場合は、人による 選定など、それなりの労力をかけることになります。手塚治虫のプロジェクトで も、相当な労力がかかっています。その場合は、著作隣接権[*2]で処理される、と いうことになるようです。

　なお「まんが製造箱」のエピソードで出力された「ほんとに手塚先生が描いた みたい」な原稿について、手塚先生の名前を使って公開すると商標権やパブリシ ティ権が問題になるでしょう。あるいは不正競争防止法で問題になるかもしれま せん。このように、単純に著作権だけの問題ではありません。

　以上、「週刊のび太」の段階にはまだ当分至らないものの、自動生成技術を応 用した「著作物」の作成は今後大きく発展が望める分野なので、とくに取り上げ ました。

---

*1　十分に長い時間をかけてランダムに文字列を作り続ければ、どのような文字列もほとんど確実にで きあがる、という無限猿の定理の説明で用いられる例え話。
*2　著作権と呼ばれるたくさんある権利のうちの1つです。4.1.2 項の「著作権は権利の束」を参照し てください。

4.5 顔画像による個人認証や本人確認

その他の複合的な例として、顔画像による個人認証や本人確認について検討します。『ドラえもん』の「ゆうどうミサイル」というエピソードでは、顔を覚えさせるとその顔をもつ人を追尾するミサイルが出てきます。のび太くんはそのミサイルにジャイアンの顔を覚えさせて、いじめられた仕返しをしようとするのですが、もたもたしているうちにのび太くんが顔を蜂に刺されてしまい、膨れ上がった顔がよりによってジャイアンそっくりになってしまって、ジャイアンの代わりに追尾されてしまうという顛末になります。ずいぶん甘い顔識別ですが、見た目だけでの識別は、多かれ少なかれこのような問題をはらんでいます。

昨今のスマートフォンには、顔認証でロックが解除される機能がついていることがよくありますが、ドラえもんのこのエピソードのようなことが起きないともかぎりません。逆に、本人であるにもかかわらず、ロックが解除されないのも困ります。スマートフォンのロックならば使うも使わないも自分で決められますが、問題客を識別するシステムなどで誤識別があると、さらに問題です。

4.5.1 顔認識と顔識別と顔認証

以上のようにさまざまな問題を含んでいるものの、顔認識技術はコンピューター科学の大きな成果の 1 つで、スマートフォンのカメラなどに広く導入されていると同時に、さまざまな応用も考えられています。

本書では、顔認識技術を表 4.1 のように整理しました。

表 4.1 顔認識および顔認証技術の整理

世間一般での表記	細かい分類	内容	応用
顔認識	顔発見	画像の中から顔を見つける	カメラのフォーカスや体温測定システムなど
	顔判別	顔から属性を推定する	広告出し分けシステムなど
	顔識別 （個人を特定しない）	個人を識別する	店舗の防犯システムや顧客管理システムなど
顔認証	顔識別 （個人を特定する）	個人を特定する	駅構内の防犯システムなど
	顔認証（狭義）	当人認証する	スマートフォンのロック解除や空港の顔認証ゲートなど

■ 顔発見

　1枚の画像があるときに、そのなかに顔が含まれているか、含まれているとすればどこにあるか判断するのが**顔発見**です。世間一般では顔発見も「顔認識」と呼ばれますが、性別や年齢を推定したり個人を識別したりする場合とは、本来は区別する必要があるでしょう。一般に、顔発見のシステムはパーソナルデータの取得を行いません。

　コロナ禍で、カメラに顔を近づけると温度を測る装置が広く普及しました。このような装置は顔発見により温度の計測個所を決めているだけで、個人の識別まではしていないものがほとんどです。したがって、それ単独でパーソナルデータを取得するしくみにはなっていません。しかし、たとえば「入館証などのチェックと同時に体温を計測し、入館の可否が判断される」といった自動システムについては、GDPRに抵触するという判決がフランス国務院（コンセイユ・デタ）で出ました[6]。

　単に測定装置が入口に置いてあって、測定自体は任意である場合は、パーソナルデータの取得にはなりません。また、個人の識別が自動システムの外で（警備員の目視などによって）行われている場合も、直ちにGDPRに抵触するとは言い難いようです。

■ 顔判別

　顔画像に基づいて性別や年齢を推定することを、ここでは**顔判別**と呼ぶことにします。顔判別も世間一般では顔認識と呼ぶことが多いようですが、個人の識別まではしないので、それと区別するために呼び分けています。

　顔判別の応用が行われた例として記憶に新しい事例が、タクシーの車内タブレットを用いた広告の出し分けの施策です（2.5節）。タブレットに搭載されたカメラで乗客の顔画像を撮影して、推定した属性をもとに広告の出し分けをする、というものです。

　個人の特定どころか個人の識別すらしないので、個人情報の取得にあたらない、というのが事業者の考えだったようです。しかし、前述のとおり「顔画像は特定対象項目になるので個人情報の取得にあたる」という考えのもと、個人情報保護委員会が行政指導を行うという顛末になりました。

　上述のように、顔判別は個人の識別すら行いません。また、画像データの保存もしないしくみであれば、個人データにもなりません。しかしながら、報道ではこのような顔判別システムを「顔認証システム」と呼んでおり、顔認証と呼んだ場合は個人の識別も行うことが前提です。このあたりに用語の混乱があったようにも感じられます。

　もっとも、前述の温度を測る装置では顔画像を撮影していることが一目瞭然ですが、車内タブレットを用いたシステムでは自明ではないので、カメラの存在を示す必要はありました。また、個人データにならないにしても、顔画像がどのように処理されるか、乗客に説明しておく必要がありました。

■ 顔識別（個人を特定しない）

　2 つ以上の顔画像について、どこの誰だかはわかなくても、同一人物かどうかを区別することは可能です。これは個人を特定しないままで個人を識別している、というシチュエーションです。本書ではこのような場合を**顔識別（個人を特定しない）**と呼びます。

　詳細は第 5 章で述べますが、Web ブラウザでは、Cookie によって個人を特定しないまま識別して、直ちには個人情報とならない形でよくトラッキングが行われています。それを顔画像を用いて行おうとした場合は、どうなるのでしょうか。

　個人を特定しない顔識別を行うとき、顔画像そのものをデータとしてもつ、あるいは顔画像の特徴量[*3]をデータとしてもつことになります。前者は、顔画像そのものが特定対象項目となるでしょう。後者でも、実は個人識別符号の例として、顔認識データのような「個人の身体の特徴をコンピューターの用に供するために変換したもの」が挙げられています。個人識別符号を含む個人に関する情報は、直ちに個人情報となります。結局、個人を特定しない顔識別においても、「取得した顔画像そのもの」や「生成した特徴量」でもって個人情報の取得および利用にあたる、という判断になります。

---

*3　特徴量とは、対象の特徴を数値化したもの。たとえば対象が人間であれば、身長や年齢などの値はそのまま特徴量になり得ます。

■ 顔識別（個人を特定する）

　識別した顔画像から個人を特定することは「顔特定」とでも呼ぶべきなのですが、そのような言い回しはないので、**顔識別（個人を特定する）** と表記しました。なお、世間一般では「顔識別（個人を特定する）」を「顔認証」と呼んでいるのですが、個人の特定と個人の認証は別なので、ここでの説明では「顔認証（狭義）」と分けています。

　2021 年に、鉄道の駅構内の監視カメラの画像から刑務所からの出所者や仮出所者の一部を検知するしくみが導入されていたことが報道されて、物議を醸しました [7]。このように、特定の個人を識別して検出するようなものが、顔識別（個人を特定する）です。

■ 顔認証（狭義）

　顔認証（狭義） は、スマートフォンへの搭載によって一般的になった技術です。顔識別をして、さらに個人を特定したうえで、当人であると認証することを指します。顔認証（狭義）は、指紋認証と同様に、端末をまたがずに処理されます。クラウド上に認証情報をアップロードすることがなく、事業者による個人情報の取得には該当しないことから、スマートフォンでの顔認証（狭義）は広く受け入れられています。

　なお、これが個人データとして集約されると、個人情報の取得と利用の問題になってきます。報道によると、事業者や業界を横断した顔認証基盤システムを作る、という構想があるようです。スマートフォンや、せいぜいが入退室管理くらいまでであれば、ローカルでの処理なのでトラッキングが行われる心配はありません。しかし、事業者を横断するとなると、利用者の意図しないトラッキングが行われる危険が増すように思われます。

4.5.2　本人確認

　顔画像に関連した事例として、恋活・婚活マッチングアプリで、年齢確認審査書類の画像が流出する事件がありました。年齢確認審査書類とは、具体的には次のようなものでした。

- 運転免許証
- 健康保険証
- パスポート
- マイナンバーカード（表面）など

この事件では、退会者の情報も含まれていたので、さらに問題になりました。退会後も 10 年間、情報を保存していたそうです。そもそも上に挙げた書類が必要かどうかわかりませんし、必要だったとして、保存の義務があったのでしょうか。そもそも、なぜこんなデータをもっていたのでしょうか。

恋活・婚活マッチングアプリサービスは、「インターネット異性紹介事業」と呼ばれる事業です。「インターネット異性紹介事業を利用して児童を誘引する行為の規制等に関する法律」（いわゆる「出会い系サイト規制法」）で、「国家公安委員会規則で定めるところにより、あらかじめ、これらの異性交際希望者が児童でないことを確認しなければならない（第 11 条）」と、年齢確認義務が課せられています。なお、この法律で「児童」とは、「十八歳に満たない者（第 2 条 1）」を指します。

具体的な方法は「国家公安委員会規則で定める」となっており、該当する国家公安委員会規則は「インターネット異性紹介事業を利用して児童を誘引する行為の規制等に関する法律施行規則」です。これによると、年齢確認は、次のいずれかの方法でよいとされています。

- 運転免許証／健康保険証／その他の書類による確認（提示／写しの送付／画像の電磁的方法による送信）
- 支払方法による確認（クレジットカードなど児童が通常利用できない方法）

なお、この 2 つのいずれかで確認済みなら、識別符号の送信でもよいことになっています。この識別符号とは、ログイン ID とパスワードを指します[*4]。つまり、年齢確認が済んでいるユーザーアカウントは当人認証ができれば十分で、わざわざログインするたびに本人確認をしなくてもよいということです。

ここで、念のために**本人確認**と**当人認証**について用語を整理します。参考資料 [8] によると、本人確認は次の 2 つで行われるとされています。

---

*4 個人情報保護法制上の個人識別符号とは意味が違うので、注意してください。

- **身元確認**：登録する氏名・住所・生年月日等が正しいことを証明／確認すること
- **当人認証**：認証の３要素[5]のいずれかの照合で、その人が作業していることを示すこと

　一般的なインターネットサービスでは、ユーザー登録をすると、ユーザー ID とパスワードが付与されます。これは当人認証の枠組みです。一般的なインターネットサービスでは、身元確認までは行いません。たとえばユーザー登録時に氏名や生年月日の入力を求められることがよくありますが、その証明までは求められません。

　さて、出会い系サイト規制法が求める年齢確認義務については、実は身元確認までは求められていません。クレジットカードでの支払いについて同意を得るだけで十分です。健康保険証などを使った確認は、年齢確認のうえに個人特定をしていることになります。さらに、顔写真付きの身分証と実際の顔との照合は、「本人確認」をしていることになります。

■ 非対面での厳密な本人確認

　2020 年 4 月 1 日施行の改正犯罪収益移転防止法（犯収法）により、非対面での本人確認の方法の要件が変わりました。改正前では、写真付き本人確認書類の写し送付および転送不要郵便で行う必要がありました。郵便物が受け取れるということはその住所に住んでいるということで、実在性を確認できる、ということです。

　改正後の非対面の本人確認では郵送が不要になり、次のいずれかでよいことになっています。

- 写真付き本人確認書類画像＋本人の容貌画像
- 本人確認書類の IC チップ情報＋本人の容貌画像
- 銀行などへの照会
- 顧客名義口座への少額振込＋取引明細画面
- マイナンバーカードの IC チップ情報＋ J-LIS

---

[5] 認証の手がかりとなる３種類の情報を指します。具体的には、パスワードなどの「知識情報」、ID カードなどの「所持情報」、そして指紋や顔などの「生体情報」です。

「いずれかでよい」といいながら、これらの要件はそれなりに厳しいものです。

「写真付き本人確認書類画像」については「身分証が原本であることを示す特徴（厚み等）を含めて写す」ことが求められています。また「本人の容貌画像」は、いわゆる「自撮り画像」を指しますが、ランダムな指示に従ってその場で撮ったことを示してもらうこと（**ライブネスチェック**）が求められています。ライブネスチェックによって、仮に写真付き本人確認書類画像と本人の自撮り画像が攻撃者の手元にある場合でも、なりすましは非常に難しくなります。

また、IC チップ情報を求める場合は、ユーザー側で IC カードリーダーを必要とするなどのしくみは大がかりになりますが、なりすましリスクはさらに小さくなります。

「銀行などへの照会」はちょっとトリッキーです。一般には銀行などで口座を作成するときに厳密な身元確認が行われますから、銀行などに照会して確認ができれば、十分だと思えます。しかしながら、銀行などへの照会の厳密性が不十分であったために、広範囲に不正送金が行われてしまった事件がありました。

顧客名義口座への少額振込と取引明細画面による確認も、銀行などで行われる身元確認に依拠する方法の 1 つです。これも銀行などが身元確認をきちんとしている前提のもとでのみ有効な方法です。

最後の「マイナンバーカードの IC チップ情報と J-LIS」によるものは、身元確認をマイナンバーカードの IC チップ情報で、当人認証を公的個人認証サービスである J-LIS で行うものです。

■ 本人確認書類の漏えいによるなりすましリスク

以上のように、非対面での本人確認が必要な場面においては、なりすましリスクは小さいものです。以上を踏まえて、本人確認書類の漏えいによるなりすましリスクは、次のように整理できます。

- 犯収法の対象事業者（金融機関／ファイナンス／クレジットカード／不動産など）
    - ライブネスチェックが入るので低い
- 古物営業法の対象事業者（質屋／古物買取事業者）
    - 改正犯収法同様の基準なので低い
- 携帯電話不正利用防止法の対象事業者（携帯電話事業者）
    - 郵送が必要なので低い
- 出会い系サイト規制法の対象事業者（マッチングアプリなどの出会い系サイトを運営する事業者）
    - 本人確認は自主的に実施（方法はさまざまなのでなりすましリスクは高い）

本人確認書類の記載事項の漏えいそのものに問題があることは議論の余地がありませんが、なりすましのリスクに関しては、実は出会い系サイト以外の事業において小さいことがわかります。

本来であれば、出会い系サイトは年齢確認を行っていれば十分で、身元確認に法的な義務はありませんでしたが、サービス品質向上のために自主的に行っていたようです。前述の写真付き本人確認書類画像の漏えい事件は、サービス品質の向上を目的とした施策が裏目に出た、ということになります。法的な義務がない以上、犯収法などに準拠した本人確認を行うべきか、あるいは eKYC[*6] などのしくみを導入するべきかの判断は、事業者の裁量になります。

また、10 年という保存期間にも、事業者の裁量が入る余地がありました。個人情報保護法では保存期間を定めることは求められていますが、具体的な保存期間が示されているわけではありません。事件があったときの警察からの照会に対応することなどを考えると、それなりの長さの保存期間が必要だという判断があったと推察されますが、やはり流出事件では裏目に出た形になりました。なお、出会い系サイト規制法では年齢確認したときの書類の保存の義務はなく、本人確認記録の保存は携帯電話不正利用防止法で 3 年、先述の犯収法ですら 7 年であるため、10 年というのはあまりに長すぎたかもしれません。

＊6　electronic Know Your Customer の略。オンラインで身元確認を行う技術やサービスのこと。

　恋活・婚活マッチングアプリでの書類画像流出事件は、他業種への影響はないものの、同業のサービスの信頼を毀損するおそれがありました。その理由は、各事業者が自主的に実施している本人確認の方法がさまざまで、なりすましリスクの見積もりが難しいことや、そもそも軽減が難しいことなどでした。この問題については、業界が足並みを揃えて取り組む必要があるのでしょう。

　本章では「もとをたどると個人に帰属するデータについて、その権利がどこまで及ぶのか」という問題について考えました。「データが縷々転々としていくうちに権利がなくなってしまうわけではない」ことを強調しましたが、一方で、「その権利がいつまでも個人に付随するわけでもないこと」も同時に示しました。また、パーソナルデータが限定提供データとして提供される場合も多くあることから、限定提供データについて簡単に説明しました。そして、パーソナルデータがもつそれぞれの性質が絡まり合って、個人情報保護法や著作権法、不正競争防止法をそれぞれ単独に適用するのでは解決しない問題として、通信の秘密の問題や、いわゆる AI 著作物、そして顔画像による本人確認の例を挙げました。

　長々と説明しましたが「パーソナルデータの利活用において、個人情報保護法制のみを気にしているのでは、適切に利用することはできない」ということが伝わったのなら、本章の目的は達成されたことになります。

参考文献

[1] 経済産業省 (2018)「AI・データの利用に関する契約ガイドライン」、URL：https://www.maff.go.jp/j/kanbo/tizai/brand/b_data/attach/pdf/deta-24.pdf、2022年6月閲覧。

[2] 総務省 (2019)「電気通信事業参入マニュアル［追補版］」、URL：https://www.soumu.go.jp/main_content/000477428.pdf、2021年6月閲覧。

[3] 一般社団法人日本インターネットプロバイダー協会・一般社団法人電気通信事業者協会・一般社団法人テレコムサービス協会・一般社団法人日本ケーブルテレビ連盟・一般財団法人日本データ通信協会・テレコム・アイザック推進会議 (2014)「電気通信事業者における大量通信等への対処と通信の秘密に関するガイドライン 第3版」、URL：https://www.jaipa.or.jp/other/mtcs/guideline_v3.pdf、2021年6月閲覧。

[4] 藤子・F・不二雄 (1979)『ドラえもん』、週刊のび太、てんとう虫コミックス、第17巻、小学館、URL：http://id.ndl.go.jp/bib/000001961531。

[5] 出井甫 (2018)「AI生成物に関する知的財産権の現状と課題〜Society 5.0の実現に向けて〜」、『情報の科学と技術』、第68巻、第12号、580–585頁、DOI: 10.18919/jkg.68.12_580。

[6] 金塚彩乃 (2021)「報告「体温自動測定GDPR違反コンセイユ・デタ判例解説」」、『第5回情報法制シンポジウム』、情報法制研究所、URL：https://www.jilis.org/events/data/20210713jilis_online-sympo-kanezuka.pdf、2021年8月閲覧。

[7] 小川崇・赤田康和 (2021)「「駅で出所者を顔認識」とりやめJR東「社会的合意まだ得られず」」、朝日新聞デジタル、URL：https://www.asahi.com/articles/ASP9P64GLP9PUTIL02D.html、2022年6月閲覧。

[8] 経済産業省 オンラインサービスにおける身元確認に関する研究会 (2020)「オンラインサービスにおける身元確認手法の整理に関する検討報告書」、URL：https://www.meti.go.jp/press/2020/04/20200417002/20200417002-3.pdf、2021年8月閲覧。

第5章
データ収集と処理に使われる技術

本章では、パーソナルデータの収集と処理についての技術的な説明をします。具体的には、スマートフォンを使っているときに位置情報がどのように取得されているのか、Web ページにアクセスしたときにどのように個人が識別されているのか、なぜ EC サイトで買い物をしたあとはまったく別の Web ページを訪れても関連商品の広告が表示されるのか、データの匿名性はどの程度までどのように担保されるのか、といったことを、なるべく丁寧に解説します。

5.1　通信技術と個人情報の関係

　『ドラえもん』に「トレーサーバッジ」というひみつ道具が出てきます [1]。「追跡対象にバッジを持たせておくと、手元の端末の地図上にマークが現れて追跡できる」というものです。ドラえもんにかぎらず、こういったアイテムは映画やアニメなどでよく見られます。

　物語のなかでは、追跡対象に電波発信器をくっつけていますが、単に電波を発するだけの装置では端末への位置表示や追跡などを実現することはできません。電波を発するだけの器械とそれを受信する装置が 1 組あったとしても、それでわかるのは電波の強さだけです。いうなれば、暗闇のなかで声の大きさだけがわかる状態です。これで位置を特定するのは至難の業で、せいぜい距離が大雑把にわかる程度でしょう。

　「だったらスマートフォンの位置を Web で確認できるサービスはどうやっているのか？」思う方もいるでしょう。ほとんど映画と同じように地図上に位置が表示されますし、リアルタイムに追跡できることもあります。「電源が入っていないと追跡できない」ことから逆に考えると、スマホの追跡が可能なのは、スマホが電波を発振しているからだと感じられます。

　実は、このようなしくみは、さまざまな通信技術の組み合わせにより実現されています。本節では、位置情報の取得を例に挙げながら、通信技術と個人情報の関係について考察します。

5.1.1　GPS による位置の取得

　さて、前述の例のようにリアルタイムで位置情報が得られる発信機は、**GPS**（global positioning system）で位置を取得しています。GPS にまつわるよくある誤解として、「GPS 発信機が GPS の衛星と通信している」というものがあります。図 5.1 に示すような誤解です。

　実際には、GPS 衛星発信機は GPS 衛星からの電波を受信しているだけです（図 5.2）。そして、GPS 発信機の位置は、携帯電話の基地局経由でサーバーにアップロードされています。このようなしくみなので、携帯電話が圏外になるエリアでは、リアルタイムの追跡はできません。

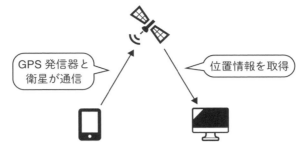

図 5.1 GPS発信器の誤ったイメージ

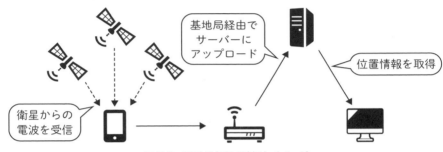

図 5.2 GPS発信器の適切なイメージ

5.1.2 通信に伴う位置情報

　携帯電話やスマートフォンは、待ち受け時にも定期的に基地局と通信しています。通話の着信などの呼び出しに応じるためです。

　電話がかかったときに初めて全体に対して「どこにいますかー？」と呼び出すのではなくて、常にどの基地局と通信できるかわかっている状態にしておいて、その基地局から呼び出しをするわけですね。このようなしくみなので、携帯電話事業者は、通信の前提として、常に基地局と関連づけた状態で大まかな位置を把握しています。このようにして得られる位置情報を、**通信の前提として得られる位置情報**と呼びます。

　ちなみに、実際に通信が行われると、接続先などの情報は通信の秘密[*1]になるのですが、通信の前提として得られる位置情報については、通信の秘密にならないようです。

---

*1　4.3 節を参照してください。

　しかしながら、いずれにしても個人に関する情報であり、かつ事業者にとっては契約者情報との突合が容易なので、個人情報となります。そのため、個人データとして蓄積して活用する場合には、取得に同意が必要です[*2]。このような基地局とのやりとりに基づいた位置情報の取得は、携帯電話事業者でなければできませんが、通信に伴って得られる情報は、それ以外の事業者でも取得可能です。

■ Bluetooth による方法

　Bluetooth は、PC やスマートフォン間のデータのやりとりや、周辺機器との接続のために、数メートル程度の通信を行うときによく使われる通信規格です。スマートフォンと周辺機器との接続を Bluetooth で行おうとするとき、接続したい機器を識別するための、名前（デバイス名）が表示されます。このように、ある端末 A から端末 B が識別可能であるとき、「端末 A から端末 B が見えている」といいます。この「見えている」は正式な言葉遣いではありませんが、通信の文脈ではそこそこ通じます。

　街中で Bluetooth による周辺機器との接続を試みると、「誰々の iPhone」のように、周囲にいる人がもっているスマートフォンと思われる端末が「見えている」ことがよくあります。これは、通信の前提となるやりとりに対して、周囲のスマートフォンが自動で応答しているからです。このような場合、互いが「見えている」端末は、互いに通信の前提としての情報を得られる状態にあります。

　このときに見えるデバイス名は、任意に設定できる文字列であり、識別子ではありません。したがって、ほかのデバイスと同じ名前をつけることもできますが、実用上はほかのデバイスと区別できるような名前をつけるので、準識別子としてはたらいて個人を識別できる場合があります。また、デバイス名を使わなくとも、ネットワークインターフェースに割り当てられている識別子（**Public Address**）が使える場合があります。

　これらのしくみを使って「見えている」デバイスについて、位置情報を取得することが可能です。たとえば、電波の届く範囲に応じて適度な間隔で Bluetooth デバイスを配置しておいて、そのデバイスから「見えている」端末のデバイス名

[*2]　通信の秘密に相当する場合は、個別具体的かつ明確な同意が必要であることは、第 4 章で述べたとおりです。

を記録しておきます。

　このような使い方をするデバイスを、**ビーコン**と呼びます。ビーコンは、古くは灯台のような、位置が固定されていて目印となるように設置されているものを広く指す用語です。位置情報の取得の文脈では、周囲のデバイスに対して能動的に接続を試みて、通信の前提としてのやりとりを発生させることで、対象の情報を取得しようとするものを指します。

　ビーコンを配置する場所は、たとえばショッピングモールなどの一定の広さのエリアが考えられます。位置情報取得の対象となるユーザーの「周りの空間」という意味合いで、このようなエリアを**環境**と呼びます。ビーコンと近接しているユーザー側の端末のデバイス名がわかれば、その履歴を見ることで、粒度は粗いものの位置情報の履歴が得られます。必ずしも網羅的にデバイスを配置する必要はありません。たとえば、店舗などに設置すれば、来店の履歴を得ることが可能です。

　これらは通信の前提として得られる位置情報ですが、携帯電話事業者が取得する場合と異なり、直ちに個人情報になるわけではありません。デバイス名やPublic Address が、必ずしも個人を特定できる情報と連結できるとはかぎらないからです。

　なお、現在主流の Bluetooth の規格は **Bluetooth Low Energy**（**Bluetooth LE**、もしくは **BLE**）というものです。これを使うと、ネットワークインターフェイスの識別子を一定期間ごとにランダムに生成されるもの（**Random Address**）にできます。Public Address はハードウェアに対して工場出荷時に与えられ変更できないので、永続的にトラッキングされる危険がありました。しかし Random Address の導入により、プライバシー上の懸念に対する安全性が飛躍的に向上しています。

■ Wi-Fi による方法

　Wi-Fi でも Bluetooth と同様のしくみを考えることは可能ですが、Wi-Fi の場合は、むしろユーザーがもつ端末に環境側のデバイスの情報を記録しておく方式が主流です。ここで「環境」と呼んでいるのは、Bluetooth による方法の説明と同様に、Wi-Fi のアクセスポイントが設置されているユーザーの周りのエリアを指します。

Wi-Fi の場合は、アクセスポイントを識別できる準識別子として **SSID**[*3]が使われる場合があります。また、Google などのプラットフォーム事業者が Geolocation API[*4]を提供しています。これにはネットワークインターフェイスの識別子である **MAC アドレス**が使われています。全国各地のアクセスポイントの MAC アドレスと、ほかの端末から得た GPS のデータなどと統合して位置情報を提供するもので、なかなかの「力業」です。いずれにしても、アクセスポイントがユーザーの端末から「見えている」ときに、そのリストから端末の位置が推測できます。

■ IP アドレスに基づく方法

最初に挙げた GPS を使った位置情報の取得は、複数の衛星からの電波を受信して自身の位置を計測するものでした。そして、携帯電話の基地局や Bluetooth、Wi-Fi は「電波の届く範囲」の話で、それぞれの基地局やビーコン、アクセスポイントの実際の位置と紐づけることで通信に伴う位置情報を得るものでした。

位置の計測を行わず、必ずしも電波を使わない通信で位置情報は得られるのかというと、IP アドレスを使うとある程度の範囲で取得が可能です。**IP アドレス**は、インターネット上で通信先を識別するために使われる値です。値の範囲によって役割が異なり、**グローバル IP アドレス**と**プライベート IP アドレス**とに分けられます。このうち、グローバル IP アドレスは、インターネットプロバイダーに対して固有のものが割り当てられています。プロバイダーは地域ごとにサービスを提供していることが多いので、グローバル IP アドレスは、位置情報と比較的紐づきやすい情報です。

ただし、その紐づき方は、プロバイダーが自らに割り当てられた IP アドレス

---

*3　SSID は、Wi-Fi でアクセスポイントごとに接続先を識別するために使われる識別子です。1 つのアクセスポイントに着目した場合は、そのアクセスポイントが提供する接続先が一意に定まる識別子になっています。しかし、複数のアクセスポイントがあるときには事情が異なり、別々のアクセスポイントに同じ SSID を設定されることがあります。その場合に SSID は、アクセスポイントを識別するものとしては準識別子となります。

*4　あるアプリケーションがもつ機能を別のアプリケーションから利用できる枠組みが用意されているとき、その枠組みを **API**（Application Programming Interface）と呼びます。この用例では、プラットフォーム事業者が MAC アドレスから位置情報を提供するアプリケーションと、その機能を別のアプリケーションから利用できる枠組みが開発者に提供されている、ということになります。

をどのように自らの設備に対応づけているか、ということに依存するので、「地域くらいしか合っていない」ということもあれば、「広い事業所の建物単位で対応している」ということもあり、利活用にあたっては注意が必要です。

5.1.3　通信に伴う位置情報取得のまとめ

さて、なぜ位置情報取得のしくみを詳しく説明してきたかというと、ユーザーが自分の位置情報をどこまでコントロールできるか、という点に関わってくるからです。本節で述べたことをまとめると、次のようになります。

- 通信をするとき、位置情報は取得されうる
- 通信ができる状態であるときも、位置情報は取得されうる

一口に位置情報といっても、取得されるデータが位置データそのものズバリであるパターンは、意外と少ないことがわかりました。「見えている Wi-Fi の SSID のリスト」といった、直ちに位置データとは言い切れないものも、位置情報として取り扱われています。また、とくに Bluetooth によるものと Wi-Fi によるものは、通信に伴うといいながらも、通信の前提としてのやりとりで位置情報を取得するものでした。とくに、ビーコンによる位置情報の取得の手続きは、例えは悪いのですが、通信そのものを目的としないで通信の前提としてのやりとりを発生させようとする点で、ピンポンダッシュに近いものです。ユーザーは、これらの位置情報をどの程度コントロール可能なのでしょうか？

また、以上の説明では、Bluetooth の Public Address や MAC アドレス、IP アドレスが、個人の識別子（もしくは準識別子）としてどのようにはたらくか、ということについては詳述しませんでした。以上の疑問点については、「個人の特定と個人の識別」というテーマで次節で述べます。

5.2　個人の特定と個人の識別のしくみ

5.2.1　日常生活における特定と識別

個人的な思い出話で恐縮ですが、学生時代に近所のコンビニエンスストアに行ったら知人がアルバイトをしていて少々気まずい思いをした、なんてことがよくありました。この気まずさは、相手から「自分がどこの誰か知られている」か

らで、これは個人が特定されている状態です。

　コンビニでは、個人が特定されていないまでも、識別されていることがままあります。第 1 章で述べたように、行きつけの店舗でいつも同じ商品を買っていると、スタッフのあいだでその商品名のあだ名がつくという笑い話があります。「またツナマヨさんが来た」という具合です。名前も住所も知られていなければ「特定」はされていないのですが、顔と商品が準識別子となって、スタッフをまたいで「識別」されている状態です。

■　最低限必要な識別

　とくにその店に思い入れがない場合、店員に識別されるのはあまり気分がよいものではないかもしれません。しかしまったく識別されないのも考えものです。第 1 章でも触れましたが、コンビニでお弁当を買って「温め」をお願いすると、待ち時間のあいだは一旦レジから離れます。そのあいだ、店員は別のお客さんへの応対などをしていますが、温め終わったらすぐに渡してもらえます。顔などの見た目で購入者であると識別されているからです。極端な話、個人がまったく識別されないならば、お弁当が温められているあいだにレジを離れることができず、もし離れたらお弁当の受け渡し時に本人確認が必要になります。あまりにも非効率です。

■　番号札を用いた識別

　もっとも、処理に時間がかかるような場合だと、見た目以外の要素で識別されることもあります。たとえば役所で書類の発行を申し込むとき、受付時に番号札を渡されます。窓口で申請手続きをすると「番号札はそのままお持ちください」といわれて、一旦待合で待って呼ばれてから改めて窓口に行くと、発行された書類を受け取れます。このとき、窓口の人が申し込んだときとは別の人でもとくに問題は起きません。番号札が識別子となって、スタッフをまたいだ識別が可能だからです。

5.2.2　セッション管理

　さて、長々と例え話をして一体なにがいいたいのかというと、「サービスを成り立たせるためにも、最低限の識別は必要である」ということです。そして、こ

の識別がなんのために必要とされているのかというと、**セッション管理**のためです。セッション管理とはなにか説明する前に、そもそもセッションとはなにかについて説明します。

■ セッション

　コンビニで商品をレジに持っていくと、金銭の授受や商品の受け取りのほかに、ポイントカードの有無やレジ袋の要不要を聞かれるなどの一連の手続きがあります。EC サイトで買い物をする場合も同様に、「カート」に商品を入れるところから発送先の入力、電子決済の完了までの一連の手続きがあります。とくにコンピューターを使った通信の用語で、こういった一連の手続きをひとまとめにして、**セッション**と呼びます。

■ 「セッションが○○する」

　日常生活のなかにも「セッション」を見出すことができます。前述のコンビニの例では、お弁当の「温め」で一旦レジから離れてしまう状況でも、店員が見た目できちんと識別しているならば、とくに問題なく受け取れると述べました。この例では、お弁当をレジに持っていったところから温められたものを受け取るまでが１回の「セッション」です。役所での書類申請の例でも、最初に受け取った番号札を使った一連の手続きが１回の「セッション」になります。

　番号札を受け取るなどして一連の手続きが始まることを、**セッションが始まる**、もしくは**セッションが開く**といいます。また、もしうっかり番号札をなくしてしまったりすると、受付の人が顔を覚えていてくれていないかぎり、本人確認からやり直しになってしまうでしょう。このように、一連の手続きが途切れてしまうことを、**セッションが切れる**といいます。さらに、番号札をなくしてしまうなどの不備がなくても、書類申請の手続きが終われば、その番号札は無効になります。このようにして一連の手続きが終わることは、**セッションが閉じる**といいます。

■ HTTP におけるセッション

　EC サイトなどの Web サイトにおけるセッションも、日常生活と同様かというと、同じようで結構違います。

　まず、Web サイトとユーザーとのやりとりは、通信により行われる点が大きな

違いです。現在の Web での通信は、ほとんどが **SSL/TLS** と呼ばれる暗号化通信のしくみを使って行われています。そのうえで、**HTTP** と呼ばれるしくみを使ってコンテンツの送受信などが行われます[*5]。

　SSL/TLS は通信経路を安全にするためのもので、通信の中身には関わりません。したがって、SSL/TLS のセッションは、通信の中身とは関係なく始まったり閉じたりします。また、HTTP には、もともとはセッションという考え方がありません。強いていうなら「サーバーへの接続を確立してリクエストを送り、サーバーからのレスポンスを受け取る」までの一連の手続きが 1 回のセッションです。この意味でのセッションは、コンテンツを読み込む度に閉じてしまいます。役所の窓口でいうなら、受け答えを 1 回するたびに担当者が変わるような状況です。これでは本人確認も意味を成しません。本人確認のやりとりをした次のタイミングで、また違う担当者が窓口に現れるような状況だからです。

　こういうときには、前述の番号札が有用です。それぞれの番号札を持っている人の進行状況がバックヤードできちんと管理されていれば、窓口の担当者が毎回変わっても「さっきの続き」の手続きが進められるので問題ありません。このような枠組みを**セッション管理**と呼びます。番号札は、日常生活のなかにおける、セッション管理の方法の 1 つだったわけです。

　HTTP におけるセッション管理は、多くの場合で **Cookie**（クッキー）を使って行われます。Cookie は HTTP の枠組みのなかにあるので、これを使って管理されるセッションを「HTTP セッション」と呼ぶこともあります。しかしながら、Cookie はセッション管理だけのために使われるものではなく、また上述のとおり HTTP にはもともとはセッションという考え方がないので、「HTTP セッション」はあくまで便宜的な表現です。Cookie およびそれを使ったセッション管理については、5.2.5 項で詳述します。

■ セッションの識別と個人の識別

　セッション管理において番号札に相当するものを、**セッション ID** と呼びます。セッション ID は、その名のとおりセッションを識別する識別子です。セッション

[*5]　暗号化を施さないで HTTP を使うことも可能ですが、セキュリティの観点から問題があるので、EC サイトなどでは行われていません。

の説明の冒頭で「サービスを成り立たせるためにも、最低限の識別は必要である」と書きました。あえてなにを識別するかを書きませんでしたが、この「最低限の識別」とは、個人ではなくセッションの識別を指しています。

　もちろん、EC サイトなどで買い物をしたときは、最終的にセッション ID は個人情報と紐づけられるのですが、それでもセッション ID はあくまでセッションを識別しているのであって、個人を識別するものではありません。

　もっとも、上で例として挙げたコンビニでお弁当を温めてもらう場合では、見た目で個人が識別されることで、一旦レジから離れても「セッション」が切れずに済んでいました。このように、個人の識別によってセッションが識別できる例もあります。

　それでも、個人の識別とセッションの識別とを分けて考えないと成り立たない場合があります。たとえば、普段使っている EC サイトのカートに商品を入れていざ決済しようとしたら「ログインしてください」という表示が出ることがあります。このとき、ログインするとカートの状態がログイン前のままで、引き続き決済できることがあります。これはログイン前後を 1 つのセッションとして扱っているからで、個人ではなくセッションの識別をしているからできる芸当です。

5.2.3　ユーザーエージェント

　さて、以上のようなサービスを受けるために、役所の手続きの始めに番号札を受け取るのと同様に、Web サイトのユーザーはセッション ID を受け取っています。受け取っているだけではなく提示もしているのですが、それらの作業を、実際にユーザーが行っているわけではありません。

　セッション ID の受け渡しを代わりにやってくれている存在がいます。それは**ユーザーエージェント**です。エージェントは代理人という意味で、ユーザーエージェントは、Web ページを表示するために必要な諸々の通信を、まさしく代理して行ってくれます。番号札をもらったり出したりという作業も、ユーザーエージェントが代理人として気を利かせて全部やってくれていたのですね。そのおかげでセッションが切れることなく、サービスを享受できていたわけです。

　もっとも「そんなことの代理を委任したつもりはない」という方にとっては「勝手にやってしまっている」という見方もできます。また、事業者にとってはセッションの識別しかしていないつもりでも、ユーザーにとっては個人が識別されて

いることと区別がつかないことから、パーソナルデータに関わる問題も避けられません。

このような背景があり、昨今は GDPR や改正個人情報保護法の要請により、Cookie が使われるときには同意が求められるようになりました。これを煩わしいと思う向きもあれば、いままである意味「勝手に」やられていたことがコントロールできるようになって歓迎する向きもあるでしょう。

さて、ユーザーエージェントはどの程度まで「勝手にやれる」のでしょうか。そして、パーソナルデータとの関係はどのようになっているのでしょうか。

5.2.4　システムセキュリティ

前項までに提示した疑問について考えるために、少し寄り道をして、システムセキュリティについての基本的な考え方である**サンドボックスモデル**について述べます。そのためにまず、コンピューターのリソースについて説明します。

■ リソース

CPU のパワーや、メモリ（主記憶）やストレージ（外部記憶）、画面の領域などを、まとめて**リソース**と呼びます。

巨大なファイルを開こうとしたときにコンピューターの動作が重くなって、CPU 冷却ファンが勢いよく回り出すことがあります。これはまさに CPU パワーやメモリのリソースが費やされている状況です。また、ファイルをダウンロードして保存しようとすると「容量が足りません」というエラーが現れて、保存できないことがあります。これはストレージのリソースが足りない状況です。

出力装置もリソースになります。「全画面モード」で動画を見ているときは、ほかの作業ができません。これは動画アプリに「画面の領域」というリソースが占有されている状態です。コンピューターにサウンドカードとスピーカーがつながっていれば、それもリソースです。文書作成の作業をしながら同じ PC で音楽ファイルを再生して BGM を流しているとき、バックグラウンドでスピーカーのリソースを使っていることになります。また、プリンターで印刷をするとコピー用紙やインクなどが費やされますが、これらも広い意味でのリソースです。

入力装置もリソースです。位置を取得する GPS モジュールや、映像を取得するカメラ、音声を取得するマイクなどもリソースです。

■ アプリのインストール

OS やアプリケーション（以下、アプリ）は、リソースを費やすことで利用者にさまざまな機能を提供します。「アプリを使うこと」は「アプリにリソースを使わせること」にほかなりません。

アプリがコンピューターにインストールされると、そのアプリにリソースを使う権限が与えられます。いまでこそアプリのインストールは気軽に行えますが、かつてはそれなりに詳しくないと、すぐにコンピューターウイルスなどのマルウェアに感染してしまう時代がありました。PC が広く普及し始めた 1990 年代から 2000 年代ごろの話です。とくに Vista より前の Windows はユーザー権限の管理があまりきちんとしていませんでした。例えるなら、内装の工事をしてもらうために業者の人を家に入れるときに、家の鍵をコピーして渡してしまうくらいの権限管理の甘さがありました。

■ サンドボックスモデル

さすがにそのようなやり方には問題があったので、いまでは**サンドボックスモデル**が採用されています。「サンドボックス」は公園にある「砂場」の意味で、この砂場のなかでは、穴を掘ったり城を作ったりして自由に遊んでよい──つまり、リソースを自由に使ってよい、というものです。

サンドボックスモデルのもとでは、アプリごとに専用の「砂場」が用意されます。「砂場」をまたいでリソースにアクセスすることはできません。もっとも、砂場あそびで「水道から水を汲んでくる」ことも許さないわけにもいかないように、多くの場合サンドボックスのなかだけではすべてが完結しないので、共用のリソースを用意したり、限定的にアクセスを許したりします。

■ アプリをまたいだアクセス

PC を使いこなしている人のなかには、「スマホでメールに添付された資料を閲覧できるのはよいが、アプリ間でデータを共有するのにずいぶん手間がかかるなあ」と思いながら使っている人も少なくないでしょう。これは、スマートフォンのほうが、PC よりもサンドボックスモデルが徹底されているからです。

PC のアプリで作成されたファイルは、一般にアプリ間で「共用」のリソース（ストレージ）に保存されます（ネットワーク越しやユーザー間の「共有」では

なく、アプリ間の「共用」です）。一方、スマートフォンのアプリで作成された
ファイルは、一般にそのアプリに割り当てられたリソース（ストレージ）に保存
され、そのままではほかのアプリからアクセスできません。

　スマートフォンを使っていると、ファイルを保存しようとするときに「ファイ
ルとメディアへのアクセスを許可しますか？」といったダイアログが表示される
ことがあります。どれほどの人がきちんと認識しているかはともかく、これは共
用のリソースへのアクセスについてユーザーに注意を促しています。PC ではこ
ういったことはあまりありませんが、逆にいうと、PC を使っているときの我々
は、割とプライベートなデータも共用部分に置いていて、どのアプリからでもア
クセスできる状態にしてしまっていることになります。

　ともあれ、サンドボックスモデルでは、アプリをまたいだリソースへのアクセ
スが原則としてできない、という点が重要です。

5.2.5　Cookie

　さて、ようやく **Cookie** についての説明です。リソースについての説明を踏ま
えて Cookie を表現すると、「ユーザーエージェントがアクセスしたサーバーに対
して、読み書きが許されているリソース（ストレージ）」となります。データ構
造は **連想配列** と呼ばれるもので、「見出し」となるキーと、それに対応する値と
の組み合わせからなります。

　Cookie のためのリソースはドメイン名ごとに割りあてられています（図 5.3）。
ドメイン名 は、インターネット上でネットワークを識別するための名前です。ア
プリに割り当てられたリソースにはアプリをまたいだアクセスが許されないのと
同様に、ドメイン名に割り当てられた Cookie にはドメイン名をまたいだアクセ
スは許されません。前述した SSL/TLS の枠組みによってドメイン名の真正性を
証明できるので、ドメイン名を騙ってリソースにアクセスするのは難しいしくみ
になっています。

　なお、ストレージといっても、容量は 1 件あたり 4,096 バイトと小さいうえ
に、1 サイトあたりの上限が 20 までしかありません。そのため、セッション ID
やログイン状態程度のものしか保存できません。

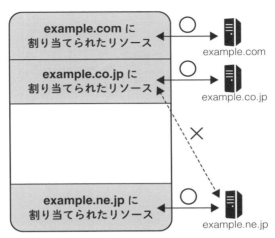

図 5.3　Cookie として割り当てられたリソース

■ Cookie によるセッション管理

Cookie によるデータ受け渡しの基本的な手続きは、次のとおりです。

● 基本的なデータの受け渡し手続き

1. ユーザーエージェントは、サーバーにリクエストを送ると同時に、ドメイン名に応じて Cookie のデータを送信する

2. サーバー側は、受信したリクエストと Cookie のデータに応じてコンテンツを生成して、必要に応じて改めて Cookie のデータを送信する

3. ユーザーエージェントは、受信したコンテンツをレンダリング（表示）すると同時に、受信した Cookie のデータをストレージに書き込む

セッション管理をする場合は、次のような手続きになります。

● セッションを開く

1. ユーザーエージェントは、サーバーにリクエストと Cookie のデータを送る。ただし、Cookie のデータにセッション ID は含まれていない

2. サーバー側は、受信したリクエストに応じてコンテンツを生成する。受信した Cookie のデータにセッション ID が含まれていないので、ほかと重複がないように生成して Cookie のデータとして送信する（**セッションの開始**）

3.　ユーザーエージェントは、受信したコンテンツをレンダリングして、セッション ID が含まれる Cookie のデータを、ストレージに書き込む

● **セッションが開いているあいだの処理**

1.　ユーザーエージェントは、サーバーにリクエストと Cookie のデータを送る。Cookie のデータにはセッション ID が含まれている

2.　サーバー側は、受信したリクエストと Cookie のデータに含まれるセッション ID を参照して、コンテンツを生成する。セッション ID は、改めて Cookie のデータとして送信する

3.　ユーザーエージェントは、受信したコンテンツをレンダリングして、セッション ID が含まれる Cookie のデータを、改めてストレージに書き込む

　なお、項目ごとにあらかじめ設定された有効期限を過ぎると、Cookie のその項目は削除されます。セッション管理における番号札の破棄に相当し、これによりセッションは切れてしまいます。EC サイトでも、カートに入れて長い時間放置したりブラウザを一旦閉じたりしてから決済しようとすると、セッションエラーが発生することがよくあります。これは、Cookie の有効期限によるセッション切れです。

■ Cookie によるトラッキング

　セッション識別のために、セッション ID を Cookie として記録する方法を述べました。Cookie はストレージなのだとすると、個人を識別する ID を入れれば、個人のトラッキングが可能であるように思われます。実際にそれは可能です。ただし前述のとおり、Cookie はドメイン名ごとにアクセスが制御されるので、ドメインをまたいだトラッキングはできません。

　しかし、です。EC サイトで買い物をしたあとに、まったく別のドメインのはずの Web サイトを閲覧していると、さきほどの買い物と関連のある商品の（あるいは買った商品そのものの）広告が出てくることがあります。これは**リターゲティング広告**と呼ばれるものですが、こんな体験をすると、どう考えてもドメインを横断してトラッキングされているように感じます。これには、ドメインを横断可能な別の技術が使われているのでしょうか。

■ サードパーティー Cookie

　実際は、リターゲティング広告も Cookie を応用して実現されています。ここ
では、そのベースとなる手段の概要を述べます。

　昨今の Web 広告では、本文と広告とは別のドメインのサーバーから提供され
ています。本文を提供するサーバーを**メディアサーバー**、広告を提供するサー
バーを**アドサーバー**と呼びます（図 5.4）。

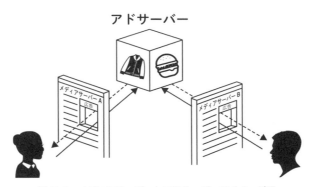

図 5.4　メディアサーバーとアドサーバーのイメージ図

　メディアサーバーが提供するコンテンツに埋め込まれる形で、アドサーバーが
提供する広告が表示されます。このとき、ブラウザのアドレスバーには、メディ
アサーバーのドメイン名のみが表示されます。

　ここで、Cookie のデータの受け渡しの基本的な手続きを思い出してください。
ユーザーエージェントがコンテンツをリクエストするのと同時に、Cookie の
データが送信されるのでした。ユーザーエージェントがメディアサーバーに本文
をリクエストすると、本文の HTML ファイルがコンテンツとして送られてきま
す。その HTML ファイルの広告欄にアドサーバーへの参照が記述されていると、
ユーザーエージェントは「代理人」の本領を発揮して、自動的にアドサーバーに
リクエストを送ると同時に、アドサーバーのドメインに対応する Cookie の送受
信を行います。

　ここではアドサーバーを例にして説明しましたが、アドサーバーにかぎら
ず、ブラウザのアドレスバーに表示されていない任意のドメインについて、以

上のような手続きで Cookie のやりとりを発生させることができます。このように実装されている Cookie を、**サードパーティー Cookie**と呼びます。これに対応して、ブラウザのアドレスバーに表示されているドメインの Cookie を、**ファーストパーティー Cookie**と呼びます。

■ リターゲティング広告

サードパーティー Cookie によるリターゲティング広告の概略は次のとおりです。まず、リターゲティング広告を打ちたい広告主は、自前のサイトの決済完了ページなどに、アドサーバーへの参照を記述しておきます。このときのアドサーバーへのリクエストには、広告主のサイトからのリクエストであることがわかるような情報を含ませておきます。

これにより、広告主のサイトが読み込まれると同時に、アドサーバーへのリクエストも送られて、アドサーバーのドメインの Cookie のやりとりも発生します。アドサーバーはこのときに、広告主のサイトからのリクエストを記録し、さらに端末を識別する ID を Cookie に書き込みます。

別の Web サイトで同じアドサーバーへの広告のリクエストがあると、アドサーバーのドメインの Cookie の送信により、端末を識別する ID がアドサーバーに送られます。アドサーバーにはその端末が広告主のサイトで購買があった記録がありますから、それに基づいて広告主が指定する広告を表示させます。

以上の手続きでポイントとなるのは、広告主のサイトにアドサーバーへの参照を記述しておく点です。これにより、広告主のサイトを訪れた記録をアドサーバーに送るためだけの通信が発生します。

前節の位置情報取得の技術の説明で、ビーコンを「通信の前提としてのやりとりを発生させることで、対象の情報を取得しようとするもの」と説明しました。コンテンツの取得そのものが目的ではない通信を発生させて、対象の情報を取得しようとする点で、これもビーコンの一種であり、**Web ビーコン**と呼ばれます。

■ 広告の効果測定

ターゲティング広告は、広告主のサイトでの購買が先にあったときに、それに応じた広告を出すものでした。これとは逆に、先に広告が閲覧されたときに、その後に起きた広告主のサイトでの購買をアドサーバーで集計するという需要もあ

ります。広告の効果測定のためです。

　これも手順が前後するだけで、サードパーティー Cookie を使えば実現可能です。メディアのサイトからのリクエストに対して、広告主の広告をコンテンツとして送信するときに端末を識別する ID を Cookie として記録します。広告主のサイトにはやはりビーコンを仕込んでおけば、アドサーバー側で端末を識別する ID に基づいて集計できます。

■ アプリを横断する

　以上は Web ブラウザを使ってサービスを利用する場合の説明でしたが、SNSやメッセンジャーのサービスでは、多くの場合でスマートフォン向けの専用のアプリが用意されています。サードパーティー Cookie の枠組みによってリターゲティング広告や効果測定が可能でしたが、サンドボックスモデルによりアプリをまたいだアクセスはできないので、サードパーティー Cookie と同じしくみを専用アプリで実現するのは困難です。

　かつては**デバイス ID**が共用のリソースとして各アプリからアクセス可能でした。デバイス ID はハードウェア固有の ID で変えることができず、さすがにこれを用いたトラッキングはプライバシー上の懸念が大きくなりすぎるので、いまではユーザーが自分で削除可能な ID が**広告 ID**として用意されました。広告 ID も共用のリソースとして用意されているものです。

■ Cookie のコントロール

　ここまでさんざん Cookie について「ユーザーエージェントが勝手に読み書きしてしまう」という表現をしてきましたが、実は Cookie は、ブラウザの設定である程度のコントロールが可能です。

　まず、「一切受け入れない」という設定ができます。しかしながら、セッション管理の説明で述べたとおり、最低限のサービスのためでもセッション管理はたびたび必要とされます。一切許可しない設定にすると制約が大きくなりすぎて、ユーザーにとっての利便性も損なわれます。

　次に「サードパーティー Cookie については受け入れない」という設定ができます。セッション管理は最低限必要ですが、ファーストパーティー Cookie さえ許可すれば事足ります。ユーザーはなにも困らないわけですが、広告収入で成り

立っているサービスの場合、リターゲティング広告はともかく、効果測定ができないことは事業者からすると致命的です。

　なお、Cookie はドメインごとに割り当てられるリソースなので、ドメインごとのコントロールも可能です。ドメイン単位以上に細かいコントロールはブラウザの設定では困難ですが、現時点で記録されている Cookie についてはドメインごとに参照できて、キーと値の組も確認できます。

　しかしながら、キーと値を見たところで、目的や必要性が判断できるものではありません。もっとも、昨今は GDPR の要請により、ユーザーエージェントではなくサイト側で、Cookie をコントロールするユーザーインターフェースが用意されています。これにより、Cookie のキーとその目的が明示されたうえで、たとえば「セッション管理に使うものだけは受け入れる」などのきめ細やかなコントロールが可能になっています。

　とはいえ「それでもわかりにくい」というのが正直なところです。ユーザーからすれば「わからないものはとりあえず拒否しておこう」という判断になりやすいので、ユーザーにとってわかりやすい説明が事業者にとっても重要です。しかしながら、よりによって一番必要性をわかってもらいたいセッション管理の説明が一番ややこしく、一方で比較的わかりやすいターゲティング広告はユーザーが目的や意義を理解したうえで拒否する、といったことが起きかねない状況です。

　このように、ユーザーが自分の識別をコントロールすることについては、問題が山積しています。本書で述べたようなセッション管理の枠組みを、すべてのユーザーがわかったうえで Web サイトを使うべきだ――という話にならないことは明らかですが、どこが落とし所になるのかについては、いまのところ妥当な答えはないのではないかと思われます。

5.3　個人を特定せずにデータ活用するための技術

　本節は、わかりやすさのために「個人を特定せずにデータ活用するための技術」という見出しにしましたが、個人の特定が直ちに問題になるわけではありません。その説明のために、まず、「ランダム回答法」というアンケート調査における手法をご紹介します。その次に、いくつかの用語について説明したのち、データの匿名性について技術面に触れつつ説明していきます。

5.3.1　ランダム回答法

　アンケート調査では、目的によって正直に答えてもらいにくい項目が質問に含まれることがあります。たとえば「不倫をしたことがあるか」「麻薬を使ったことがあるか」といった、法的もしくは倫理的に問題となるような行動や考え方についての項目です。

　ランダム回答法は、このような項目がアンケートに含まれる場合に使われる手法です。色々なパターンがありますが、一番シンプルな方法はコインを使う方法です。

■　コインを使ったランダム回答法の手続き

　まず、回答者の手元にコインを用意してもらいます。そして質問者は回答者に対して『これからする質問に答える前にコインを振ってください。もし表が出たら、実際はどうかにかかわらず必ず「はい」と答えてください。もし裏が出たら、正直に答えてください』と指示します。

　さて、この方法に基づいて、たとえば「不倫をしたことがあるか」という質問を 2,000 人にして、1,200 人が「はい」と答えたとしましょう。コインの表が出る期待値は 1,000 なので、このうちの 1,000 人は不倫経験の有無にかかわらず「はい」と答えたとみなしてよいことになります。残りの 1,000 人のうち、200 人が「不倫をしたことがあるか」に対して正直に「はい」と答えたとみなせます（図 5.5）。コインの表が出たために「はい」と答えた人のなかにも同じ割合で不倫経験がある人が含まれると考えられるので、この集団については 20% が不倫経験がある人の割合と考えられます。

コインの裏表	不倫経験の有無	得られる回答
表（1,000）	あり（200）	はい（1,200）
	なし（800）	
裏（1,000）	あり（200）	
	なし（800）	いいえ（800）

図 5.5　ランダム回答法の模式図

　実際には検定などで信頼区間などを厳密に計算するのですが、本書では説明を省きます。これがランダム回答法の基本的な考え方です。

■ ランダム回答法の恩恵

この方法は『「はい」とは答えにくい質問に対して「はい」と答えやすくする』という効果があります。回答者からしてみれば『「はい」と答えたのはコインの表が出たからだ』という「言い訳が立つ」わけですね。質問者からしてみれば、「はい」と答えた個人に着目したところで、その人が「コインの表が出た人」なのか「不倫経験がある人」なのかは確信がもてません。上の例の割合であれば1,200 人のうち 800 人、つまり 3 分の 2 の回答者は「無実」です。しかし、回答者はこのことで「プライバシーが守られている」と感じるでしょうか。

■ 「言い訳が立つからいいですよね」

長々と紹介しておいてなんですが、この質問者側の「言い訳が立つからいいですよね」というロジックには一種の欺瞞を感じます。回答者からすれば、「はい」と答えても「言い訳が立つ」というだけで、嘘でも「いいえ」と答えておけばそもそも言い訳の必要もないわけですから、「答えてもらいやすさ」は期待するほど高くならないかもしれません[*6]。

――と、このように思うところは色々あるものの、この「言い訳が立つからいいですよね」は、個人を特定しないデータ活用の基本的な考え方です。

■ 統計データの突合の正当性

「言い訳が立つからいいですよね」という考え方を受け入れると、特定の個人が識別されているデータに対して統計データを突合する行為(第 3 章で説明したもの)が、プライバシー保護の観点で正当である理由もわかります。個票データの項目を復元できないかぎりは、統計データは代表値に過ぎないので「本当はその値ではないかもしれない」という「言い訳が立つからいいですよね」という理屈だったんですね。

[*6] ちなみに、ランダム回答法で正直には答えない人が一定の割合で含まれている場合にどのような計算をするべきか提案する論文もありますが、本書では深入りせずに、詳細はその論文に譲ることとします(https://doi.org/10.1177/2158244020936223)。

5.3.2 匿名性に関する用語

次に、匿名性について考察するために必要な、いくつかの用語について説明します。まず、誰かのプライバシー情報を暴こうとする存在を**攻撃者**と呼びます。また、データの匿名性について考えるときには、調査対象の 1 件が 1 行と対応するテーブルを対象とします[*7]。テーブルの行を**レコード**（record）と呼びます。そして列を**フィールド**（field）もしくは**カラム**（column）と呼びます。本章では「カラム」で統一します。

■ **個人データの加工におけるカラムのおもな分類**

個人データの処理においては、カラムを次の 3 つに分けて考えます。

- 識別子
- 準識別子
- 機密情報

例を示しながら説明します。表 5.1 は、とある病院の患者のテーブルです。

表 5.1 とある病院の患者のテーブル（擬似データ）

診察券番号	氏名	年齢	性別	疾患	主治医
14142	田中 一郎	69	男性	胃がん	鈴木
22360	山田 花子	53	女性	心臓弁膜症	佐藤
⋮	⋮	⋮	⋮	⋮	⋮
31415	七篠 権兵衛	47	男性	悪性リンパ腫	高橋

識別子は、個人を識別する識別子を指しています。このテーブルでは「診察券番号」が識別子です。一般に、個人を特定しない活用においては、識別子は削除もしくは置換されます。ここでいう置換とは、同じ識別子は同じになるように、異なる識別子は必ず異なるように変換することです。のちほど「識別子の置換」の項で、具体的な方法について述べます。

[*7] データベースの知識をおもちの方にとっては、第 1 正規形といえばとおりがよいでしょう。

準識別子は、攻撃者が知っていることが前提とされる準識別子を指しています。たとえば氏名と年齢と性別は典型的な準識別子です。

機密属性は、攻撃者が知らない情報で、かつ個人にとって知られたくない情報を指しています。この例では、疾患名が機密属性となるでしょう。

■ いくつかの前提

ここで話を簡単にするために、いくつかの前提をおきます。まず、このテーブルには、同一の個人については１つしかレコードがないものとします。つまり、各レコードはそれぞれ別の個人に対応していることにします。また、さきほどは「識別子は削除もしくは置換されます」と書きましたが、ここでの説明では、基本的に削除されることにします。各レコードがそれぞれ別の個人に対応している場合、レコード間は必ず別の個人ですから、レコード間を識別子で突合することはあり得ませんし、置換された識別子はほかのテーブルとの突合もできなくなります。したがって、置換された識別子はあってもなくても構わないからです。

なお、同一の個人のレコードが含まれる場合や、識別子を置換する場合については、ひととおり説明したのち、改めて言及します。

■ 背景知識

それでは、改めて病院のテーブルについて検討しましょう。上述の例だと「主治医」のカラムは一見すると準識別子の役割を果たしませんし、機密属性でもありません。いうなればその他の情報です。

しかし、その他の情報といっても、なにもケアしなくてよいわけではありません。たとえば「この病院の佐藤医師は心臓弁膜症の手術のスペシャリストである」といったことが知られているなら、佐藤医師が主治医であるレコードの「疾患」は、かなり高い確率で「心臓弁膜症」となると推測できます。仮に機密属性を完全に削除したとしても、攻撃者は容易に機密属性を復元できてしまいます。

こういった攻撃を可能とするような、データベースの外にあって機密属性の項目を詳細化、あるいは個人の特定を可能とする知識を、**背景知識**と呼びます。攻撃者がどんな背景知識をもっているか知ったり、あらかじめ想定したりすることは極めて困難です。かといって、背景知識についてまったく考えないわけにはいきません。逆に、あらゆる背景知識に対応しようとすることもナンセンスです。

■ なにが準識別子でなにが機密属性か

患者のテーブルの例では、なんの断りもなく「氏名などを準識別子」「疾患を機密属性」としましたが、なにが準識別子でなにが機密属性か、実は自明ではありません。別の例として、とある SNS への投稿のテーブルを挙げましょう。SNS の ID・氏名・年齢・性別・その人の投稿内容・投稿日時のテーブルです（表 5.2）。

表 5.2　とあるSNSへの投稿のテーブル（擬似データ）

ID	氏名	年齢	性別	投稿内容	投稿日時
hogehoge	阿井 上男	33	男性	なんとかかんとか	20xx-04-05 15:30
fugafuga	柿 久家子	26	女性	うんぬんかんぬん	20xx-04-05 17:21
⋮	⋮	⋮	⋮	⋮	⋮
piyopiyo	矢 由代	37	女性	にんともかんとも	20xx-04-05 19:42

Facebook のように実名で使われる SNS では、これらの情報はすべてプロフィールとして公開されているのですが、この例では氏名や年齢や性別は非公開で、事業者しかもっていない情報であるとします。

ここで攻撃者が、投稿内容と投稿日時からその人の氏名を割り出したいとしましょう。投稿者の身元を割ろうとしている状況です。その場合、この例では投稿内容と投稿日時が準識別子で、氏名と年齢と性別が機密属性です。病院の例では、氏名と年齢と性別が準識別子だったのと対称的ですね。

病院の例と同様に、氏名と年齢と性別が準識別子になるパターンも考えられます。攻撃者がある人物の氏名と年齢と性別を知っていて、その人物がどのような投稿をしたのかを知りたいとしましょう。いわゆる「リアルの知り合い」に SNS での振る舞いが知られそうになっている、という状況です。この場合、氏名と年齢と性別が準識別子で、投稿内容と投稿日時が機密属性です。

■ 機密属性はなにが機密なのか

さきほどの例で、投稿内容と投稿日時が機密属性となるパターンを示しましたが、これらは公開されている情報ですから、機密属性と呼ぶのは違和感があります。この違和感は、機密属性を「それそのものを機密にしたい属性」と解釈することによるものです。

　しかし実は、機密属性とは「準識別子との対応関係を機密にしたい属性」なのです。したがって、公開されている情報でも、攻撃者がもっている準識別子との対応関係を知られたくない情報であれば機密属性となるのです。こう考えると、準識別子と機密属性とが場合によって違うことや、とくに機密になっていない情報でも機密属性と呼ばれることに、納得がいくのではないでしょうか。

5.3.3　匿名性

　さて、準識別子と機密属性は場合によって違うと述べましたが、以下の説明では、なにが準識別子でなにが機密属性かはっきりしているものと考えてください。

　「実際にははっきりしないのだったら、机上の空論になってしまうのでは？」という懸念も生じますが、ひととおりの説明をしてから、改めてこの問題について検討します。そしてその心配はあまり要らないことを示しますので、ご安心ください。

■ k-匿名性

　改めて、病院のテーブルの例で、このテーブルの匿名性について考えます。前述のとおり、識別子である「診察券番号」のカラムはあらかじめ削除します。そして、「氏名」「年齢」「性別」が準識別子、「疾患」が機密属性だとします。また、「主治医」も、背景知識を考慮に入れて、機密属性として扱うことにします。

　さて、準識別子とはいえ、氏名はほとんど識別子と同様にはたらきますから、このテーブルはそのままでは匿名性はありません。氏名を仮名に置き換えればよいのですが、そうすると、レコード間の個人の重複がないという前提のもとでは、識別子の場合と同様の理由で、置換された氏名もあってもなくてもよくなってしまうので、いっそのこと氏名のカラムも削除することにします。さらに年齢も1歳刻みだと個人が特定される可能性が高くなりますから、10歳ごとにまとめて「年代」としましょう。

　この状況で、たとえば40代の男性が3人いたとしましょう。つまり、準識別子（年代, 性別）の組が（40代, 男性）であるレコードが3つあるとします。

　このように、準識別子によってレコードが一意に定まらず複数のレコードが対応する状況であれば、この3つのうちどれが対象のレコードであるか攻撃者には

わかりません。このとき、ランダム回答法の説明で示した「言い訳が立つからいいですよね」の考え方により、準識別子 (年代, 性別) の組が (40 代、男性) のときの匿名性があることになります。

　ここで、レコードに含まれるすべての準識別子の組み合わせについて、頻度を計算しヒストグラムとして図示してみましょう（図 5.6）。この例では、一番頻度が低いものでも、少なくとも 2 件の重複があるようです。つまり、準識別子 (年代, 性別) の組がどのようなものでも、「該当するレコードのうちどれかはわかりませんよね」という言い訳が立つことになります。

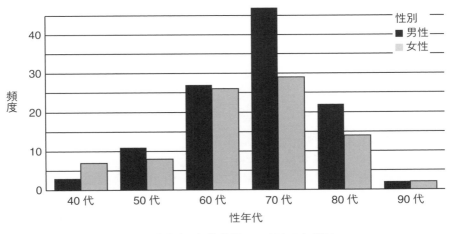

図 5.6　準識別子(年代, 性別)ついてのヒストグラム

　このような意味の匿名性を **k-匿名性**といい、「このテーブルは $k = 2$ の匿名性をもつ」といいます。k が大きいほど言い訳が立ちやすいので、匿名性も高いことになります。実は $k = 2$ というのは最低限の匿名性で、$k = 1$ だと匿名性はないことになります。

　——と、このような説明を聞くと「k の大きさはどのくらいあれば十分なのか」という疑問が浮かぶかと思いますが、これは一概にはいえません。そもそも k-匿名性は、準識別子とレコードの数との関係しか考慮に入れていません。機密属性との関係にも目を向けると、ことはそうシンプルではないことに思い至ります。

■ ℓ-多様性

　図 5.6 による、準識別子 (年代, 性別) の組が (40 代、女性) のレコードは 7 件あります。ここで機密属性 (疾患, 主治医) に目を向けたところ、すべてのレコードが (乳がん、田中) だったとしましょう。「7 件のうちどれかはわかりませんよね」といっても、これは「言い訳が立たない」状態です。

　このように機密属性がすべて一律だと、いくら k-匿名性の k が大きかったところで意味がないことになります。逆にいうと、機密属性に多様性がないということになります。

　このような k-匿名性のもとでの機密属性の多様性を、**ℓ-多様性**といいます。上の例の場合は、準識別子 (年代, 性別) の組が (40 代, 女性) のとき、$k = 7$ の匿名性があり、$\ell = 1$ の多様性があるということになります。

　なお、準識別子 (年代, 性別) の組が (40 代, 男性) であるときは $k = 3$ でしたが、このとき機密属性の種類は 2 種類だったとすれば、ℓ-多様性は $\ell = 2$ である、ということになります。

■ ℓ-多様性もなかなか難しい

　さて、匿名性についての教科書では、機密属性として疾患が頻繁に挙げられて、具体例は「がん」だったり「心臓病」だったりします。しかし一口に「がん」といっても、部位によってそれこそ多様です。5 年生存率だけに着目しても、国立がん研究センターが公表したデータによれば、前立腺がんや乳がんは 90% 以上である一方、胆のう胆道がんや膵がんでは 30% 未満で、これらをひとくくりにして扱うのは大雑把すぎるきらいがあります。

　そもそもひらがなで「がん」と書いた場合は白血病などの血液がんなども含みます。血液がんの一種に「悪性リンパ腫」というものがあり、年間の罹患率は 10 万人のうち十数名と、それなりにまれな疾患なのですが、これはなんと 50 種類以上に分類されています。裏を返すと、「悪性リンパ腫」という表現ですでに 50 の多様性を内包している、ということもできます。このとき、はたして『「悪性リンパ腫」といっても 50 種類のうちのどれだかわからないから、言い訳が立ちますよね』といえるのでしょうか。

　一方で、悪性リンパ腫の種類の 1 つである「びまん性大細胞型 B 細胞リンパ腫 (DLBCL)」は、日本人では一番多いタイプです。腫瘍内科の患者のなかでは

個人を特定しづらい程度には数が多いので、「DLBCL のあの人」といっても「たくさんいて誰だかわからない」といわれることすらあります。腫瘍内科の患者のテーブルのなかでは、実は「DLBCL である」という情報は、個人を特定できない程度に十分な抽象度をもっている、ということもできます。

したがって、ℓ-多様性が一概に機密情報の多様性を十分表現するともかぎらないのですが、基本的な考え方なので、きちんと理解しておく必要があります。

5.3.4 レコード間で個人を識別する

以上では、各レコードがそれぞれ別の個人に対応しているものとして、識別子は削除してもよいという想定で説明しました。しかし、テーブルに同一の個人のレコードが含まれていて、それを識別する必要がある場合は、識別子を削除しないで置換する必要があります。

同一の個人のレコードが含まれているテーブルというのは、たとえば病院の例では「日付も入っていて、同一人物が別の疾患で診察を受けたという状況が記録されている」ようなものを指します。このようなテーブルで識別子と氏名とを削除すると、準識別子として年齢と性別の組を選んだときに、それで現れる複数の行に対応するのが複数の個人なのか、それとも別々の日に来た同一の個人なのかわからなくなります。

氏名は個人を特定しうるので削除するとしても、置換された識別子は個人を特定しないで識別するための情報として残しておくことは有用です。このような措置を**仮名化**といいます。

なお、仮名化されたテーブルの k-匿名性においては、準識別子に該当するレコードの数ではなく、そのレコードに含まれるユニークな識別子の数が k となります。各レコードがそれぞれ別の個人に対応している場合には、レコードの数がそのまま人数としてカウントできましたが、あくまで準識別子に該当するレコードに少なくとも含まれる人数が k なのです。仮名化されたテーブルで k-匿名性があるとき、機密情報について「言い訳が立つ」状況であると同時に、「どの識別子かわからないから言い訳が立つ」という状況でもあります。

なお、攻撃者が複数のレコードに対応する準識別子をもっている場合、k-匿名性があっても、識別子が特定されてしまう危険があります。とくに、位置情報のデータでは顕著です。攻撃者が準識別子として連続する位置情報をもっていると

きに、「この時間に A 地点にいましたね」といわれても、k-匿名性があるテーブルならば、それに該当する識別子は少なくとも k 件あるので、識別子の特定にまでは至りません。しかし、「また別のこの時間には B 地点にいましたね」「さらに別のこの時間には C 地点にいましたね」と立て続けに指摘されたとき、だんだんと言い訳が立たなくなってきます。つまり（時間 1, 地点 1, 時間 2, 地点 2, 時間 3, 地点 3）の組が準識別子となって、それに該当するレコードのどんどん少なくなっていき、つまり k が小さくなっていき、ついには $k = 1$ となってしまいます。

5.3.5　匿名加工

　さて、第 3 章で述べた匿名加工について、個人情報保護委員会規則で定める基準における講ずるべき措置は次のとおりでした。

- 1 号：**特定の個人を識別することができる記述**などの全部または一部を置換もしくは削除
- 2 号：**個人識別符号**の全部を置換もしくは削除
- 3 号：**個人情報と連結可能になる符号**を置換もしくは削除
- 4 号：**特異な記述**などを置換もしくは削除
- 5 号：**当該個人情報データベース等の性質を勘案したその他の適切な措置**

　第 3 章で示したときには面倒でよくわからない記述に見えていたとしても、本章で述べた匿名性の説明を読んだあとでは、整理されて見えるようになったのではないでしょうか。

　1 号は、氏名などを置換したり削除したりすることを指しています。本章での説明では、氏名などは「ほとんど識別子としてはたらく」ということで削除の対象としました。

　2 号と 3 号は、本章での説明における識別子の削除や置換に対応します。削除すべきなのか置換すべきなのか、この記述のみでよくわかりませんでしたが、「レコード間で個人を識別する」の項で述べた考え方により、「レコード間で個人を識別する必要がない場合は削除」「レコード間で個人を識別する必要がある場合は置換」という対応でよいことがわかります。

　そして 4 号と 5 号の措置は、k-匿名性と ℓ-多様性について考慮に入れて加工することを指しています。

■ リコーディング

　実は、説明を簡単に済ませるために、上述の k-匿名性についての説明では、もともとのデータで $k = 2$ となる状況を想定しました。しかし実際にはそうはいかず、ある準識別子の組み合わせについて、該当するレコードが 1 件しか現れない場合もあるでしょう。

　ヒストグラムで考えるのが一番わかりやすそうです。年齢のような量的データであれば、区間幅をある程度広くすることで解消できます。疾病のような質的データであっても、「胃がん」や「肺がん」や「悪性リンパ腫」などをすべて「がん」とまとめるような操作により、k を大きくすることができます。このような措置を**リコーディング**と呼びます。

■ トップコーディングとボトムコーディング

　また、とくに準識別子が年齢などの場合、大きい値や小さい値はどうしても出現頻度が小さくなります。このような場合は、大きい値については「○○以上」、小さい値については「○○以下」のように、頻度の小さい値をまとめてしまうことで問題が解消されます。このような措置を、それぞれ**トップコーディング**、**ボトムコーディング**と呼びます。

　これは、ヒストグラムにおいて、両端を押し潰すような処理になります。

■ ℓ-多様性を考慮に入れる

　実は、個人情報保護委員会規則で定める基準では、なにを準識別子としてなにを機密属性とするかはとくに指定されていません。前述のとおり、準識別子と機密属性とが場合によって違うので、これは妥当であると考えられます。

　一方で、考えられる準識別子の組み合わせについて、上述のリコーディングやトップコーディング、ボトムコーディングを施すと、機密属性がなにかによっては見かけの ℓ-多様性は小さくなります。たとえば、「胃がん」や「肺がん」や「悪性リンパ腫」などを「がん」とリコーディングすると、もともとのデータでは $\ell = 3$ であるところ、$\ell = 1$ になってしまいます。しかし、リコーディングやトップコーディング、ボトムコーディングによってこのような状況になった場合は、実質的な多様性は失われていないので、大きな問題になることはないでしょう。

　それよりも、なにが準識別子となっても k が一定以上に保たれることのほうが

重要だと考えられます。その意味で、委員会規則で定める基準には、一定の合理性があります。

5.4 情報科学的な理論に基づく技術

さて、ここまでは情報科学的な理論を極力避けた説明をしてきましたが、パーソナルデータの取り扱いには、情報科学に関する知識のうち、とくにハッシュ関数についての知識が必須です。

これまでは、多くの場合「詳しい説明はほかの参考書に譲りますが……」といった具合に、詳しい説明を省いていました。とりあえず用語として押さえておけばよく、メカニズムまで踏み込んだ理解は必要なかったからです。しかしながら、現状のパーソナルデータの利活用について実のある議論をするには、情報科学的な理論に踏み込む必要性があります。本節では、本題に入る前に、少し紙幅を割いてその理由を説明します。

5.4.1 少し踏み込んだ知識が必要な理由

5.2 節では、サードパーティー Cookie についての説明と同時に、それを受け入れないようにユーザーのブラウザで設定できることを述べました。実は、多くのブラウザでは、デフォルトの設定でサードパーティー Cookie はオフになっています。さらに、GDPR や令和 2 年改正個人情報保護法の要請により、サードパーティー Cookie については利用の制限が強まっていく傾向にあり、この流れが巻き戻ることはないでしょう。

インターネット広告は、効果測定が可能な点で、ほかの広告媒体と一線を画していたのですが、それを実現していたサードパーティー Cookie が使えなくなることは、少なくとも広告業界にとっては痛手となります。

これを補うものとして、2019 年に Google により提唱されたプライバシーサンドボックスという概念のもと、**FLoC** という技術が提案されました。これは従来のサードパーティー Cookie とは異なり、個人を識別しないで広告の出し分けや効果測定が可能であるという触れ込みなのですが、そんなにうまい話が本当にあるものでしょうか。その検証をするためには FLoC のしくみを理解する必要があるのですが、サードパーティー Cookie の理解においてすら、5.2 節のようにそれ

なりの長さの説明と予備知識が必要でした。

FLoC はさらに難解です。Google による比較的平易に書かれたドキュメント[*8]があるものの、Google が安全性を主張していることまではわかったとしても、技術的な裏づけがどの程度あるのか判断することは難しいでしょう。逆に「FLoC はむしろ危険である」と主張するコミュニティもあり、やはり平易に書かれたドキュメント[*9]が公開されています。このドキュメントの妥当性を検証するにも、メカニズムの理解が必要です。

プライバシーに対する危惧のほかに、英国の競争・市場庁[*10]により 1998 年競争法[*11]違反の可能性も指摘される[*12]などの難点があり、結局 2022 年に FLoC は開発停止されました[*13]。新技術とは得てしてそういうものですが、「そういうものだ」と割り切ってしまうのではなく、その技術がどのようなしくみでなにを実現するものであるのか、本来なら検討することが必要だったのではないでしょうか。

以上のような問題意識のもとに、本書では、あえて少し踏み込んだ知識について述べます。まずハッシュ関数について説明して、パーソナルデータ処理への応用例をいくつか紹介します。FLoC は残念な結果になってしまいましたが、もとになっている情報科学的な理論は普遍的なものなので、その知識は無駄にならないことは保証します。

5.4.2 ハッシュ関数

ハッシュ関数は、図 5.7 に示すパチンコのおもちゃのような役割をはたす関数です。「なにかを入れると別のなにかを返してくる」もので、返してくる別のなにかを**ハッシュ値**といいます。入れたものが同じであれば返ってくるハッシュ値は必ず同一になりますが、ハッシュ値からもとの「なにか」を求めることはできません。

---

*8 　https://developers-jp.googleblog.com/2021/04/floc.html
*9 　https://vivaldi.com/ja/blog/no-google-vivaldi-users-will-not-get-floced/
*10 　CMA: Competition and Markets Authority。日本の公正取引委員会に相当するもの。
*11 　日本における独占禁止法に相当するもの。
*12 　https://www.gov.uk/government/consultations/consultation-on-modified-commitments-in-respect-of-g
oogles-privacy-sandbox-browser-changes
*13 　https://privacysandbox.com/proposals/topics

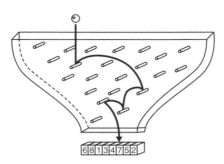

図 5.7　ハッシュ関数のイメージ図

　上からパチンコ玉を入れると、どれかのマスに入ります。釘がどこに打ってあるかもわからず、マスに書いてある番号もランダムなので、どの番号に玉が入るか予想がつかない、と思ってください。ちょっとでも違う場所から玉を入れると、全然違うマスに入りますが、まったく同じ場所から玉を入れると、必ず同じ箱に入るとします。マスに書いてある番号がハッシュ値です。マスの番号から玉をどこから入れたかはわからないように、ハッシュ値からもとの値はわかりません。このような性質をもつ関数を、**一方向関数**と呼びます。下の箱の数は決まっている一方で、上からは、コンピューターのなかでデータとして表現できるものなら、なんでも入れられます。つまり上から入れられるものの数に比べると、下に置いてある箱の数は非常に小さいということになります。

　イメージ図だと下の箱が 8 つしかないので、違う場所から入れた玉が同じ箱に入ってしまうことが起きます。これを**ハッシュの衝突**といいます。世間一般に使われているハッシュ関数では、ハッシュの衝突が滅多に起きないように、下の箱の数を十分に多くします。

■　念のための補足

　以上で述べたパチンコ玉の話は、あくまで例え話です。本書の説明の範囲内であればとくに問題はありませんが、さらに学習を進めると、この例え話がかえって理解の妨げにあるおそれがあります。それを少しでも和らげるために、じゃっかんの補足をします。「そのときはそのとき」と割り切っていただける場合は、次の「ブルームフィルター」の説明まで飛ばして構いません。

　さて、さきほどのパチンコ玉の話では、**暗号学的ハッシュ関数**の性質を説明し

ようとしています。これには 3 つの要件が求められます。

1. 出力値から入力値を求めることが極めて難しい
2. 同じ値が出力される 2 種類以上の入力値を求めることが極めて難しい
3. 入力値を少し変えただけで出力値が大きく変わる

　実際のパチンコ玉のおもちゃでは、これらの要件は必ずしも満たされないかもしれませんが、多くの場合で、ハッシュ関数のイメージはパチンコ玉のおもちゃで構わないと思います。それでも、もししっくりこない場合は、上述の 3 つの要件に注意してみてください。

5.4.3 ブルームフィルター

　リストがあるときに、ある項目がそのリストのなかに含まれているか調べたい場合があります。**ブルームフィルター**は、そのような目的に使えるデータ構造の1 つです。

　ブルームフィルターは、ハッシュ関数を使って作成されます。さきほどのパチンコのおもちゃの例えで説明しましょう。まず、リストのすべての項目について、上から玉を入れてみて、玉が入った箱にマークをつけておきます（図 5.8）。そしてブルームフィルターを使う側は、作ったときに使ったパチンコのおもちゃ（ハッシュ関数）と、マークがついた箱を受け取ります。

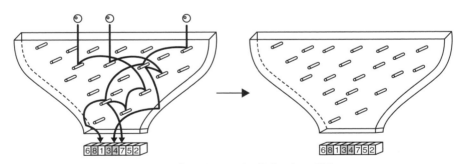

図 5.8 ブルームフィルター作成のイメージ図

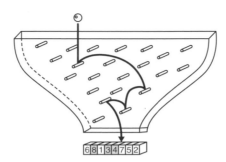

図 5.9 含まれていた場合、マークがある箱に入る

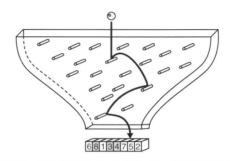

図 5.10 含まれていなかった場合、マークがない箱に入る

　ブルームフィルターを使うときは、リストに含まれているか調べたい項目について、上から玉を入れてみます。もしブルームフィルターを作成したときの要素が含まれていたならば、玉が入った下の箱に、すでにマークがついているはずです（図 5.9）。マークがついていなかったら、含まれていなかったということになります（図 5.10）。

　このように、ある要素について、もとのリストに含まれていたかどうかわかるので、ブルームフィルターにはもとのデータの情報が含まれています。それにもかかわらず、もとのデータを取り出すことができない点がポイントです。

　ただし、非常に小さいながらも、ハッシュの衝突が起きる可能性がある点には注意が必要です。ハッシュの衝突が起きると、リストに含まれないはずのものを「リストに含まれている」と誤判別してしまいます。このようなことが「確率的」に起きるので、ブルームフィルターは**確率的データ構造**であるといわれます。

　用途によっては、誤判定のリスクが許容できないかもしれません。しかしながら、リストを全部スキャンするよりもハッシュ値の計算のほうが圧倒的に早く、また、そもそもハッシュの衝突自体がめったに起きないので、ブルームフィルターは便利に使われています。

　なお、以上の説明は簡略化しています。実際のブルームフィルターは、複数のハッシュ関数を使って実装されます。

■ 接触確認アプリへの応用

　ユーザー ID のリストをブルームフィルターに格納しておくと、任意の ID について、リストにその ID が含まれているかどうかを確認できます。ユーザー ID のリストを受け取らなくても確認できる点がポイントです。

　このしくみは、COVID-19 の接触確認アプリに応用できそうですね。陽性者のリストまるごとをアプリのユーザー全員に配布するとプライバシー上の懸念が生じますが、陽性者のリストを格納したブルームフィルターであれば、全員に配布してもその懸念はかなり軽減されます。

　実際にこの考え方に基づいた接触確認のしくみが提案されていて、ドイツやイタリアなどの国々の接触確認アプリに導入されています。これにはブルームフィルターの亜種のカッコウフィルターと呼ばれるデータ構造が使われていますが、もとのリストを復元できないという点は共通です。

5.4.4　HMAC

　引き続き、パチンコ玉のおもちゃの例え話で、**HMAC**（Hash-based Message Authentication Code）の説明もしましょう。

　釘の配置を変えると出力も変わることは、自然と納得がいくと思います。また「出力値から釘の配置を予想するのは非常に難しい」ことも仮定してよさそうです。

　このしくみを使うと、改ざん検知ができます。以下に例を示して説明します。

■ セッション管理における例

　前節のセッション管理の説明を思い出してください。セッション ID は番号札のようなものであると述べました。

　番号札が連番だった場合、番号を書き換えてもっと若い番号にすると、早く受けつけてもらえるかもしれません。現実の役所で番号札を書き換えることは非現実的ですが、Web でのやりとりは電子データなので、改ざんは実は容易です。セッション ID を改ざんすることで他人になりすますことなどが可能になります。

　セッション ID のみならず、サーバーからユーザーに渡すデータについて、セキュリティの観点でユーザーによる改ざんの可能性を考えなければならない場合は多々あります。このようなときに、上述の「釘の配置を変えたパチンコ玉のおもちゃ（ハッシュ関数）」が使えます。

　まず、サーバー側はセッション ID を渡すときに、「釘の配置を変えたハッシュ関数」を使って、セッション ID を入力としたときの出力値を得ておきます。そして、番号と同時にその出力値もユーザーに渡します。

　次にユーザーがアクセスしたときには、セッション ID に加えて、それと同時に渡した出力値も送ってもらいます。サーバー側は受け取った ID からハッシュ関数を使って出力値を得て、ユーザーから送られてきた出力値と比較します。ユーザーが改ざんをしていなければ、この 2 つの出力値は一致するはずです。一致しなければ、ユーザーによる改ざんが行われたことになります。

　この一連の手続きでは、ユーザーは釘の配置を知らないことがポイントです。もし、サーバー側とユーザーとが同じ釘の配置のハッシュ関数をもっていたとすると、ユーザーはセッション ID を改ざんしてからハッシュ関数の出力値を得て、その出力値を一緒に送ればよいことになってしまいますから、改ざん検知が成り立ちません。このようなハッシュ関数の使い方の枠組みを、**HMAC** と呼びます。

■ 接触確認アプリへの応用

　HMAC で使われる「釘の配置を変えたハッシュ関数」は、接触確認アプリにも応用されています。ここでは、日本などで採用された Google と Apple による接触通知 API のしくみの概略を説明します。

　接触確認アプリは、スマートフォンにインストールされると、前述した Bluetooth LE のしくみを使って近隣のスマートフォンとデータのやりとりを行います。

　やりとりをするデータは「釘の配置を変えたハッシュ関数」の出力です。1 日ごとに釘の配置を変えて、さらに時刻を入力値として 15 分ごとに出力値を得て

おき、近づいたスマートフォンにはこの出力値を送ります。受け取った側は、時刻が入力になっていることはわかっていますが、釘の配置はわかりません。

　ここで、とある人物（Aさん）が感染していたことがわかったとしましょう。所定の手続きによって、Aさんの端末から釘の配置がサーバーに送られます。サーバーはそれを集約しておき、アプリはそれを毎日受け取ります。感染していた人のスマホがもっていた釘の配置がわかれば、これに対応する時刻を入れてみると、その端末が配っていた出力値がわかります。自分が受け取っていた値のなかにそれが含まれていた場合、そのとき感染者と接触していた可能性がある、とわかるわけです。

　このしくみにしても、前述のブルームフィルターを応用したものにしても、中央では「接触相手のIDそのものではないが、その情報を含むデータ」を管理して、それとの照合は各端末で行い匿名性を担保する、というコンセプトは一緒です。このコンセプトを実現するために、本書で紹介したもの以外にもさまざまな技術が組み合わされて、プライバシーに配慮した接触確認アプリが実現されています。

5.4.5 SimHash

　以上の説明でのハッシュ関数は、「入力値を少し変えただけで出力値が大きく変わる」という性質を前提としていました。一方で、諸々の応用においてポイントになったのは「出力値から入力値や釘の配置を予想するのは非常に難しい」という点でした。また「上から入れられるものの数に比べると、下に置いてある箱の数は非常に小さい」という性質がありました。これはつまり、ハッシュ関数を使うと「データのサイズが小さい出力が得られる」という副作用があることになります。

　SimHashは、以上で述べたハッシュ関数の性質のうち、「入力値を少し変えただけで出力値が大きく変わる」という性質を「入力値を少し変えただけでは出力値は大きく変わらない」という性質に変えたものです。残りの性質の「出力値から入力値や釘の配置を予想するのは非常に難しい」という点と、「データのサイズが小さい出力が得られる」という点は変わりません。

■ FLoC への応用

　さあ、ようやく本節の冒頭で述べた FLoC の説明ができるようになりました。FLoC は、この SimHash を用いることでユーザーの履歴をやりとりすることなく、広告の出し分けや効果測定を可能にする技術として提唱されたものでした。

　サードパーティー Cookie の枠組みでは、アドサーバーが履歴を収集していましたが、FLoC の枠組みでは、ユーザーの履歴はすべてユーザーのスマートフォンのなかで処理されます。そしてその行動履歴を入力値として、SimHash の出力値を計算します。さらに、その出力値をもとにグループ分けをします。SimHash は近い入力値から近い出力値が得られるものですから、そのグループはユーザーの履歴が近いもの同士が集まったものになるはずです。このグループは、FLoC の枠組みのなかでは**コホート**と呼ばれています。

　ユーザーのスマートフォンは、このコホートに割り振られた ID をサーバーに送信します。SimHash の「出力値から入力値や釘の配置を予想するのは非常に難しい」という性質により、この ID からユーザーの履歴を復元することはほぼ不可能である、という理屈です。FLoC のアドサーバーは、別途機械学習を使って、コホートの ID ごとに広告の出し分けを学習します。そのうち最適化されて、適切な広告の出し分けがされるようになります。

　効果測定については、コホート単位で測定を行うことで実現しています。同じコホートに属するユーザーに同じ広告を出しているのですから、そのコホートのなかで何パーセントの人が購入などのアクション（**コンバージョン**）に至ったかがわかりさえすれば、個人が識別できる必要はないわけです。

　具体的には、まずユーザーのスマートフォンのなかで履歴を処理して、コンバージョンの有無を検出します。そしてそのコンバージョンの有無を、コホートの ID とともにサーバーに送信します。このとき一定の割合で、実際のコンバージョンの有無にかかわらず「コンバージョンした」というデータを送ります。

　これは、前述のランダム回答法と同じ方法です。これによって「コンバージョンした」というデータを送っても、「それは一定の割合で自分の行動と関わりなく送られたものだ」という「言い訳が立つ」わけですね。また、データを集計する側は、やはりランダム回答法の集計と同じやり方で、実際のコンバージョンの割合を推定できます。

　一見すると、この枠組みにより、サードパーティー Cookie によるプライバシーの問題は解消されるように見えます。しかし、それなりに大きいプラットフォーム事業者が、ファーストパーティー Cookie を併用するとなると話は別です。たとえば、自前のプラットフォーム（EC サイトなど）上でのユーザーの振る舞いから、ファーストパーティー Cookie を使って興味関心を推定できるとします。それとコホート ID とを突合すると、同じコホート ID をもつほかのユーザーの興味関心も推知できてしまいます。結局、折角ハッシュ関数を使って復元できない形に変換したはずのユーザーの履歴が、間接的に漏れ出してしまうという危惧があったわけです。

　このほかにも、コホート ID を継続的に受領することで、フィンガープリンティング[*14]が容易になるのではないかなどの指摘があり、これも原理的に解消が難しいことなどから、最終的に開発中止の判断が下されたものと考えられます。

　本章では、パーソナルデータの収集と処理に使われる技術について説明しました。ハッシュ関数の説明に多くの紙幅を割きましたが、それぞれの応用を見ることにより、スマートフォン同士が近接したときにデータをやりとりする技術や、ランダム回答法の基本的な考え方に加えて、それらを活用するためにハッシュ関数が重要な位置づけにあることが伝わったのではないかと思います。

　なお、本文中でも都度ことわっていたように、なるべくメカニズムの説明をするように心がけたものの、本書では詳細な説明は大胆に割愛している点は留意してください。

参考文献

[1] 藤子・F・不二雄 (1979) 『ドラえもん』、第9巻、てんとう虫コミックス、小学館、URL：http://id.ndl.go.jp/bib/000001412671。
[2] 結城浩 (2015) 『暗号技術入門 第3版』、SBクリエイティブ。
[3] 佐久間淳 (2016) 『データ解析におけるプライバシー保護』、講談社。

[*14]　直接に識別子を使わずとも、アクセスログなどの各項目を準識別子として十分に高い精度で個人を識別すること。準識別子については、第3章も参照してください。

第**6**章
「信頼できるサービス」の構造

　本章では、パーソナルデータを活用したサービスが受け入れられるには「信頼」が必要である、という立場から、信頼概念について論じます。一言で信頼といっても、その内実は複雑なものです。誰がなにに対してどういった根拠で感じるものか、という構造を、文献を参考にしながら紐解いていきます。そののち、論文や調査結果などを参照しつつ、社会的受容性という観点から、「使われるサービス」と「受け入れられるサービス」について考えていきます。

6.1 「信頼」の難しさ

　ここまで、第 3 章でパーソナルデータの個人情報としての取り扱いについて説明し、第 4 章でパーソナルデータにまつわる諸々の権利について述べ、第 5 章で技術的な観点での注意点を示してきました。これらのことに注意しさえすれば、第 2 章で示したようなパーソナルデータにまつわる「事件」を防ぐことができるか——というと、まだ十分でない気がします。

　たとえば、2.5 節の配車アプリの事例を考えてみましょう。これはタクシーの配車のために位置情報を用いると説明して取得許可を得た位置情報を、下車後も継続して取得していた、というものでした。第 3 章で述べたとおり、利用目的を通知もしくは公表していれば、配車後の取得についても法的な問題はありませんでした。しかしながら、実際には取得の停止に至っていますし、利用者の感覚的にも停止は妥当であるように思われます。そのようなサービスは使われないだろう、という判断がはたらいたものと考えられます。

　パーソナルデータを活用するサービスが広く利用されるためには、そのサービスが信頼されることが決め手になります。本章の前半では、まず「使われるサービス」という観点で、そのために必要な「信頼」について考察します。そして本章の後半では、もう 1 つの観点として「受け入れられるサービス」について考えます。まずは「信頼」について、映画を例として考えてみましょう。

　映画『バック・トゥ・ザ・フューチャー 3』をご覧になったことがある方は多いと思います。この映画には、1955 年当時の科学者ドクと、1985 年からタイムトラベルしていた主人公マーティとのこんなやりとりがあります。

　ド　　ク　「（壊れたデロリアンの電子パーツに「Made in Japan」と書いてある
　　　　　　のを見て）故障しても不思議じゃないよ。日本製だ」
　マーティ　「なにいっているんだ、日本製は最高だよ」

　1955 年の日本は戦後復興期直後で、当時のアメリカでは「Made in Japan」は粗悪品の代名詞だったようです。その時代のドクの日本製に対する「信頼のなさ」が、1985 年のマーティ（および観客）からすると滑稽に見える、という一幕です。

　このような「メイド・イン・ジャパン」の扱いは、かつての日本における「メイド・イン・チャイナ」の扱いと似ています。一昔前の日本では「メイド・イン・チャイナ」は「安かろう悪かろう」の代名詞でした。

　いまの「メイド・イン・チャイナ」の扱いはどうかというと、事態はなかなか複雑になっています。商品の種類によっては、以前と変わらないまま「安かろう悪かろう」のイメージのままでしょう。しかし、たとえばスマートフォンなどでは、中国の一流メーカーのものの品質はほかのメーカーのものと遜色なく、コストパフォーマンスの観点ではむしろ優れているくらいです。

　しかしながら、通信機器にバックドアが仕込まれているという懸念により、アメリカ政府やオーストラリア政府は安全保障上の問題があるとして、中国企業をとくに名指しして通信機器の取引を禁止しています。このような文脈での中国製への「信頼のなさ」は、ドクが言った「故障しても不思議じゃない」というような「信頼のなさ」とは、別の意味合いをもっています。

6.2　信頼概念の整理

　以上のように、一口に「信頼」といっても、色々なニュアンスを含んでいます。本書では「パーソナルデータを利用するサービスが受け入れられるかどうか」という観点で重要になるポイントとして、次の 3 つを挙げます。

1. **信頼される側**の特性と**信頼する側**の特性とを分けて考える
2. 相手の**能力**や**意図**が及ぶかどうかを考えるべき
3. 相手の**利害**が絡むかどうかで話は変わる

　以上を軸として、山岸俊男『信頼の構造』（東京大学出版会、1998 年）で提示されている信頼概念を簡略化して、図 6.1 に示します。

　「信頼」という言葉が表すざっくりとした意味（**信頼概念**）を、それぞれの観点で分けていきながら、細かく分類していくというものです。なお、ここでの「安心」や「信頼」などはいわば専門用語で、世間一般に使われている意味合いよりも厳密であることに注意してください。区別するために、本章では、専門用語については「安心（assurance）」や「信頼（trust）」のように表記します。少々まどろっこしいですがご容赦ください。

● 信頼される側の特性　　　　● 信頼する側の特性
　　○ 信頼性（trustworthiness）　　○ 自然の秩序に対する期待
　　　　　　　　　　　　　　　　　○ 道徳的秩序に対する期待
　　　　　　　　　　　　　　　　　　■ 能力に対する期待
　　　　　　　　　　　　　　　　　　■ 相手の意図に対する期待
　　　　　　　　　　　　　　　　　　　・安心（assurance）
　　　　　　　　　　　　　　　　　　　・信頼（trust）

図 6.1　信頼概念の整理（文献[1]をもとに簡略化したもの）

以下、各項目を検討します。

6.2.1　「信頼」は信頼「する」側の特性

　最初の重要なポイントは、「信頼する側の特性と信頼される側の特性とを分けて考えるべきだ」ということです。前述の映画の例でドクは、日本製の電子パーツについて「故障しても不思議じゃない」と言いました。この場合、信頼する側がドクで、信頼される側が電子パーツになります。

　信頼される側が物である場合は、たとえば「壊れにくい」ときに「信頼できる」といえます。「物が実際どの程度壊れるものなのか」については、たとえば平均故障間隔などの客観的な指標があります。映画のなかの話なので実際にどの程度かはわかりませんが、映画に登場した電子パーツの平均故障間隔は、誰がパーツを調べようが一定です。こういったものが「信頼される側の特性」です。

　さて、同じ「日本製の電子パーツ」に対して、ドクは「故障しても不思議じゃない」と言った一方、マーティは「日本製は最高だよ」と主張します。「日本製の電子パーツ」に対するドクとマーティの主観的な感覚が違ったからですが、これは信頼する側の特性の違いということができます。信頼される側の特性と信頼する側の特性とを分けて考えると、映画のドクとマーティが日本製に対して抱く信頼の違いがうまく説明されます。

　なお、『信頼の構造』では「信頼される側の特性」を**信頼性**（trustworthiness）と呼んで、「信頼する側の特性」とは別のものだとしています。平均故障間隔などの客観的な指標に帰着するようなものは、「信頼性（trustworthiness）」の典型的な例です。「信頼性が高いと信頼されやすい」のですが、それでもドクとマーティの例のように、信頼する側の主観で「信頼」が変わることがある、ということが最初の重要なポイントになるのです。

6.2.2 相手の能力や意図が及ぶかどうかを考えるべき

さらに「信頼する側の信頼」を深掘りしていきます。次の重要なポイントは、「相手の意図や能力が及ぶかどうか」という点です。

「及ぶほう」と「及ばないほう」とを分けたときに、「及ぶほう」は**道徳的秩序に対する期待**を指します。これについてはのちほど詳述します。

「及ばないほう」は、「相手の能力や意図が及ばない部分への期待」で、「誰がやってもそうなるよね」的なものを指します。『信頼の構造』では**自然の秩序に対する期待**が挙げられています。たとえば鍵がかかった扉があるときに、「突然隕石が降ってきて錠前が壊れてしまうなんてことは、普通はない」といった期待です。自然の秩序とまではいわなくとも、たとえば「錠前は別の鍵を使っても開かない」といったことは、「相手の能力や意図が及ばない部分への期待」といえるでしょう。もちろん、錠前を物理的にどうにかして無理矢理に鍵を使わずに開けることはできますが、そのような手段で錠前が開けられてしまう危険性は、誰が鍵をかけたかなどによらず変わりません。これを客観的に評価したものは「信頼性（trustworthiness）」で、「信頼される側の信頼」でした。

では、この例え話における「信頼する側の信頼」はどのようなものになるか考えてみましょう。もし家の賃貸契約を結ぶ際に渡された鍵が、いかにも古いタイプのものだったとしたら、不安にならないでしょうか。古いタイプの鍵はギザギザしていますが、最近の流行りのディンプル錠の鍵はギザギザではなく凹みがついています。

もちろん、その違いをきちんと把握していない人もいるでしょう。そのような人にとっては、古いタイプでも新しいタイプでも、鍵を使わずに錠前が開けられてしまう危険性に変わりはないかもしれません。しかし古いタイプの錠は、ピッキングによって割とあっさりと開いてしまいます。つまり、古いタイプと新しいタイプの錠の「信頼性（trustworthiness）」は異なるのですが、その違いを気にするかどうかは評価する人によりけりです。したがって、古いタイプの錠と新しいタイプの錠に対する「信頼する側の信頼」は、人によって異なるというわけです。

■ パーソナルデータ活用における検討

以上を踏まえて、パーソナルデータの活用における「相手の能力や意図が及ばない部分への期待」にはどのようなものがあるか検討してみましょう。

　たとえば「顔認証は別人では通らない」といったものが挙げられます[*1]。テレビの「スマートフォンの顔認証を双子が突破できるか」という企画で「割と突破できてしまう」という話がありましたが、そういうそっくりな別人が身近にいないかぎりは、それなりに信頼できるとみなして活用している人が多いのではないでしょうか。もっとも、「第三者が顔写真を持っていたら破られるのではないか」という不安をもっている人もいるかもしれません。そのような人にとって、顔認証は信頼できない技術になるでしょう。

　実際はどうかというと、最近では画像だけではなく顔の凹凸を測れる深度センサーも使われているので、顔認証は比較的「信頼性（trustworthiness）」が保証されている技術です。このような知識をもっている人にとっては、「平たい写真で顔認証が突破される」といった不安はないでしょうから、顔認証は信頼できる技術になるでしょう。つまり、錠前の例と同じように、顔認証に対する「相手の意図や能力が及ばない部分に対する期待」も、人がもっている知識によって変わります。新しい技術ではさらに評価が難しくなり、誰にも評価できないという事態にもなりかねません。

　2.1 節で紹介した内定辞退率の事件は、その端的な例になります。はたして行動履歴に基づいて計算した内定辞退率に、どの程度の「信頼性（trustworthiness）」があるでしょうか。これを実施した事業者も実験の段階であったと釈明しており、精度は低かった（つまり「信頼性（trustworthiness）」が低かった）ことが事後に判明しています。「相手の意図や能力が及ばない部分に対する期待」としても、なんとなく当てにならなさそうで、顔認証システムのようなある程度確立された技術とは大きな隔たりがあります。

　内定辞退率の事件ではほかにも問題がありましたが、「信頼性（trustworthiness）」や「相手の意図や能力が及ばない部分に対する期待」という観点では、このようなことがポイントになります。

6.2.3　相手の能力に対する期待 vs 相手の意図に対する期待

　前段の説明で「相手の意図や能力が及ぶほう」とした「道徳的秩序に対する期待」は、さらに「相手の能力に対する期待」と「相手の意図に対する期待」とに

[*1]　ここでの「顔認証」は、4.5 節で示した分類の「顔認証（狭義）」です。

分けられます。

相手の能力に対する期待は、「社会的関係とシステムに関わる人々からの技術的な能力を伴う役割内行動への期待」とされています [2]。ずいぶんともって回った言い回しですが、要は、ある人物になんらかの役割があるときに、役割に応じた能力をその人物がもっていることを指します。たとえば、大型バスがあまり広くない道路を危なげなく通過するのを見ると感心しますが、曲がりきれない事故の発生を心配することはありません。大型バスの運転席に座っている運転手（という役割）の人は、それに応じた運転能力をもっている——と期待することは自然なことで、こういったものが「相手の能力に対する期待」です。

一方、**相手の意図に対する期待**は、「安心（assurance）」と「信頼（trust）」とに分けられます。ここまでで広い意味での「信頼」を細かく分けてきたのですが、ここに至って出てきたのは狭い意味での、いわば専門用語としての「信頼（trust）」で、世間一般で使われているよりも厳密な意味で定義されています。これと「安心（assurance）」とを分けて考えることが、信頼概念の分類の重要なポイントになります。次の項で具体的に述べましょう。

6.2.4 安心 vs 信頼

まずは**安心**（assurance）についてです。前述のようにこれも専門用語で、世間一般で使われているよりも厳密かつ狭い意味です。

世間一般で使われている「安心」だと、たとえば『貴重品を金庫に入れたので「安心」だ』などが挙げられますが、このようなものは「相手の意図に対する期待」ではないので、ここでの「安心（assurance）」には入りません。一般的な用法としては貴重品を金庫に入れた状況を「安心」と呼んで間違いではないのですが、厳密性のために「安心（assurance）」とは区別します。

信頼概念の分類としての「安心（assurance）」は、「相手にとっての利益に基づく意図の期待」とされています。これは「自分の期待に反することが相手にとって不利益をもたらす状態」におけるものです。つまり「これについては損得が絡んでいるので裏切ることはないだろう」という意味での期待を指しています。たとえば「契約」は、その状態を作り出すための典型的な方法だとされています。

また、評判が絡んでいる場合も、典型的な状況です。たとえばネットオークションでは、相手をレビューして点数をつけるシステムが導入されています。も

し、写真と違う粗悪な商品が送られてきたならば、たいていは悪い点数がついて評判が下がります。したがって「普通の出品者なら、そのようなことは避けるだろう」という期待のもとに、ネットオークションは使われています。つまり、相互レビューのシステムがあることで、ある程度安心してネットオークションプラットフォームを使うことができています。こういったものが「相手にとっての利益に基づく意図の期待」としての「安心（assurance）」です。

6.2.5　狭義の信頼

　狭義の**信頼（trust）**は、ここまで述べてきたことの「残りの部分」とされています。つまり、信頼する側の特性としての「信頼（広義）」を、（信頼される側の特性としての）「信頼性（trustworthiness）」と区別し、「自然の秩序に対する期待」などの「相手の意図や能力が及ばない部分への期待」を除外し、さらに「相手の能力に対する期待」を除外し、またさらに「安心（assurance）」を除外して、それでも残る部分が、狭い意味での「信頼（trust）」と呼ばれます。

　「信頼（trust）」は、次のように、さらに細かく分けられます。

- 直接評価
- 間接評価（評判）
- 文脈依存の妥当性

　直接評価は、相手のことをどう考えているかということですが、「信頼（trust）」は、相手の意図に対する期待から「安心（assurance）」を差し引いた残りの部分であることに注意が必要です。損得勘定抜きの、それこそ「信頼」としか呼べないようなものに対する評価を指します。

　間接評価は、自分以外のものからの評価で、いわゆる評判を指します。ここまでの説明を読んで「評判は安心のほうの話だったのでは？」と思われる向きもあると思いますが、少し違います。「安心（assurance）」は「相手は評判を気にするだろう」という観念に基づくもので、評判そのもののことではありません。ここがややこしいところです。「評判が落ちると相手に不利益がある状況」が「安心

（assurance）」で、「評判が高い*2」という状態が「（狭義の）信頼」になります。

文脈依存の妥当性については、以下のような例え話が挙げられてます [4]。

> 郵便物を玄関まで運んでくる郵便配達員を無意識のうちに信頼している。しかし突然裏口に回り込み始めたり、単に家の中に入ってきたりすると、すぐに疑う

玄関をうろうろしている人はいかにも怪しいのですが、それが郵便配達員に見えたら、玄関までやってきたところでわざわざ疑いません。これを「文脈として妥当だから信頼されるのだ」と解釈するのですね。

なお、文脈依存の妥当性も「安心（assurance）」との区別に注意が必要です。仮に郵便配達員であっても、もし突然裏口に回り込んできたり、家の中に入ってきたりしたら、その郵便配達員の評判は下がります。したがって、我々は普通「郵便配達員が突然裏口に回り込んできたり、家の中に入ってきたりすることはないだろう」という考えをもっています。これは「評判が落ちると相手に不利益がある状況」なので、「安心（assurance）」になります。

「郵便配達員が突然裏口に回り込んできたり、家の中に入ってきたりしたら変だけども、玄関までなら普通」というのが、文脈依存の妥当性であるわけですね。こういうものも「安心（assurance）」では説明できない「残りの部分」です。

6.3 企業に対する「安心」のもと

信頼概念について、ここまでで「信頼する側」の立場で説明してきました。「信頼される側」として、とくにパーソナルデータを扱う事業者として、どのように振る舞うべきでしょうか。

さきほど挙げた『信頼の構造』の著者である山岸らの整理によって、まず「自分の能力や意図ではどうにもならない部分」が分離されました。いわゆる「現代の技術の限界」などがこれに相当します。例として挙げた「双子だと顔認証が突破されかねない」といったことは、「誰がどうやろうとある程度は避けられない

---

*2 もちろん『その評判は「信頼」できるか？』という観点は重要です。そのときの「評判」に対する「信頼」には、レビュアーに対する直接評価や、レビューシステムの「信頼性（trustworthiness）」などが影響します。

だろう」というものです。

　そのうえで、「○○社が開発した技術」や「○○社が採用した技術」については、「それだったらとくに信頼できる（もしくは信頼できない）」といった違いがあるかもしれません。このような考えは、相手の技術力や選定能力に対する評価に基づくもので、「相手の能力に対する期待」として整理されます。

　残りの部分が「相手の意図に対する期待」となります。山岸らによる整理では、これをさらに「安心（assurance）」と「信頼（trust）」とに分けたことがポイントでした。

　「安心（assurance）」は、「相手にとっての利益に基づく意図の期待」とされていて、前項で述べたとおり評判が絡んでいるような場合が典型的な状況です。企業にとっての評判を、とくに**レピュテーション**といい、それが損なわれる危険を**レピュテーションリスク**と呼びます。このレピュテーションリスクが、消費者にとっての企業に対する「安心（assurance）」のもととなります。

6.3.1　ステークホルダー

　さて、さきほどの説明で、評判とは間接評価であると述べました。企業にとっての評判が誰からの間接評価かというと、「ステークホルダー」です。

　ステークホルダーは、一般に「利害関係者」と翻訳されます。意味合いはこの言葉から受けるイメージでおおむね問題ないのですが、より厳密には「組織の使命・目標の達成に影響を与えることができるか、あるいはそこから影響を受けるグループや個人」を指します。

　ステークホルダーモデルは、たとえば図 6.2 のように示されます。企業の周りにさまざまなステークホルダーがいる、という構図です。

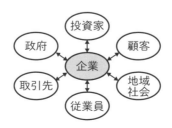

図 6.2　ステークホルダーモデル

　ステークホルダー間の利害は、必ずしも一致しません。たとえば消費者にとって安価で品質の高い製品を提供している企業は、そのぶん下請けの企業にしわ寄せしているかもしれません。あるいは、株主への配当が比較的少ないかもしれません。このように、多くの場合でステークホルダー間の利害は対立します。

　ところで、ある程度の規模の組織では、往々にして、いわゆる「社内調整」が必要になる状況があります。そのとき社内調整の対象となる社員や部門は、「社内のステークホルダー」と呼ばれます。この状況を「利害関係者」という言葉のイメージから、「社員や部門同士の利害が対立している」とみなすと、本質的なところを見誤ることがあります。

　実際には、図 6.3 のように、各ステークホルダーに各部門が向き合っていて、各部門がそれぞれのステークホルダーの代理として利害を主張している構図、とみなすほうが適切でしょう。

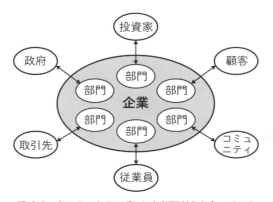

図 6.3　各ステークホルダーに各部門が向き合っている

　必ずしも部門と社外のステークホルダーとが、図のように 1 対 1 で対応しているわけではありません。しかし、いずれにしても本書における「ステークホルダー」は、前述のとおりに企業の「周りにいる」グループや個人を指します。

6.3.2　レピュテーション

　レピュテーションは、各ステークホルダーがもつ企業イメージから成ります。**企業イメージ**は各ステークホルダーがそれぞれ作り上げるもので、ステークホル

ダー間の企業イメージに必ずしも一貫性はありません。たとえばある企業が、顧客に対して「顧客優先」と説明する一方で、株主に対して「株主優先」と説明していれば、各ステークホルダーはそれぞれ別の企業イメージをもつでしょう。

　一方、**レピュテーション**は、ステークホルダーによる「認知の集積」であり、「ステークホルダー間の企業イメージに一貫性がないと損なわれる」ものです。前述のような『顧客に対しては「顧客優先」、株主に対しては「株主優先」』という説明だと、企業イメージの一貫性がなく「結局どっちなんだ」ということになってレピュテーションは損なわれます。一方、『顧客に対して「顧客優先」、株主に対しても「顧客優先」』という説明であれば、ステークホルダー間の企業イメージの一貫性が保たれるので、レピュテーションも損なわれません。このとき、株主が優先されないので、一見すると株主にとってはありがたくない状況なのですが、企業イメージの一貫性という意味では、実はそのほうが望ましいという点が興味深いところです。

　さらに、企業イメージの一貫性を保つには、企業はステークホルダーが期待するとおりに振る舞う必要があります。したがって、レピュテーションリスクは、ステークホルダーにとって「期待に反しないだろう」という「安心（assurance）」のもとになるのです。

6.3.3　再考：配車アプリ

　ここで、本章の冒頭で挙げた配車アプリの事例について改めて考えてみましょう。これはタクシーの配車アプリにおいて「ユーザーにとっては必然性がないのに、タクシーの下車後もユーザーのスマートフォンの位置情報を継続して取得していた」というものでした。例に挙げた企業は、ユーザーに対しては「配車に使います」と説明して位置情報を取得していた一方、取引している企業に対しては「トラッキングにより広告の効果測定ができます」などと説明して、位置情報を利用しようとしていたことになります。ここで各ステークホルダーに対する説明に齟齬が生じて、レピュテーションが損なわれたのでした。

　それでは、最初からユーザーに対しても「下車後も位置情報を継続して取得します」と説明すればよかったのでしょうか。もしかしたらそうかもしれませんが、そのような説明を仮に利用規約やプライバシーポリシーで示していても、一般にユーザーは、もともとタクシー業界の企業に対してもっている企業イメー

ジに基づいて「そのような位置情報の取得や利用はしないだろう」と思ってしまうものです。そのため、「下車後も位置情報を継続して取得します」という施策を実施したうえで、企業イメージの一貫性を保つことは難しいでしょう。

前述の郵便配達員の例で、「郵便配達員が突然裏口に回り込んできたり、家の中に入ってきたりすることはないだろう」という考えに基づく「安心（assurance）」について説明しましたが、配車アプリの例もこれと同じ構図です。普通は「下車後も位置情報を継続して取得することはないだろう」と「安心（assurance）」してユーザーは配車アプリを使うのですが、それが裏切られたことで問題になったのでした。

6.4 「使われるサービス」と
「受け入れられるサービス」

前節までで、「信頼概念」を丁寧に分解していくと、最終的には文脈依存の妥当性がポイントになる、ということを述べました。郵便配達員が玄関の前に来ても「そういうものだ」と不審に思わないように、パーソナルデータが活用されるシチュエーションで、文脈的に「そういうものだ」とユーザーが思っていれば受け入れられます。たとえば「この商品を買った人にはこちらもおすすめ」といった、同じ店で取り扱いのある商品を購買履歴に基づいて推薦するシステムは、そのような機能が一般的になっている現在ならば、ある程度は文脈依存の妥当性が広く認められているでしょう。このような問題は、技術の社会的受容性の問題として論じられます。

技術の**社会的受容性**とは、理由はともかくとして、その技術が実際に使われることをいいます。わざわざ「理由はともかくとして」という文言を加えたのはなぜかというと、社会的受容性という用語には、広く歓迎されて使われる場合だけでなく、必要に迫られたりなし崩しに導入されたりして、結果的にやむを得ず使われる場合も含んでいるからです。

6.4.1 アメリカで実施された調査結果

ここで、アメリカで実施された調査によるパーソナルデータの活用の受容性に関する論文を参照しましょう。この論文では、4つの要因が挙げられています。

- 現状維持バイアス
- 結果の好ましさ
- データが共有されるか
- データが保護されるか

現状維持バイアスは、認知心理学や行動経済学で現れる用語です。周りの環境や自分の状況などの変化について、「変化しない」という行動を人は取りがちだ、ということを指しています。場合によっては、変化することによるメリットのほうが大きかったり、あるいは変化しないことによるデメリットのほうが大きかったりすることがあり、それでも「変化しない」のは一見すると非合理的なのですが、人はそのような偏り（バイアス）をもっているとされています。なお、この論文における現状維持バイアスは、「実際そうしてしまっているから」「現状そうなっているから」「周りがそうしているから」などのような、自分や身の周りに関する認識に起因するバイアスも含んでいます。

結果の好ましさは、その技術が個人的にどの程度有益か、ということを意味します。もっとも、自分にとって有益でも、ほかの人にとって不公平であることも考えられます。いわゆる搾取労働のもとになってしまっているような場合です。そのようなときに一般の人々は、自分たちへの直接の利益に関わらないかぎりは、そのような搾取労働に対して抗議することが知られている、と先の文献では述べられています。なかなかに身もふたもない話です。

データが共有されるかとは、データがほかのステークホルダーと共有されるかどうか、ということを指します。たとえば、前述のステークホルダー理論で、ユーザーのデータが取引先と共有されている場合が典型的です。

データが保護されるかとは、前述の信頼概念の整理のなかでの「能力に対する期待」に相当するでしょう。

そしてこの論文では、6 つの応用先の分野（犯罪捜査・犯罪防止・市民スコア・医療・金融・雇用）におけるデータ活用について、利用したいかどうかを質問して回答を分析し、上の 4 つの要因がどのように影響するのか調べた結果が示されました。論文の結論では「総じて見ると、データが共有されるかよりも、結果の好ましさとデータが保護されることが評価を高めることがわかった」としています。また、市民スコアを除くと現状維持を好む人はおらず、ある程度プライバ

シーを侵害するような技術であっても、人々は技術を完全に拒否するよりも受け入れるほうを選択していると述べています。

なお、異なる分野間での結果の好ましさの比較が難しいという難点を、著者らが自ら挙げています。たとえば医療分野では得られる結果が「人命を救う」なのに対して、金融分野では「割引が受けられる」で、普通はこれほどまでに重大性が異なるものを同じ天秤に乗せることはありません。さらに「自分には関係ない」という選択肢が必要だった、ということも挙げています。前述のとおり、結果の好ましさは個人的な有益性に基づくものの、自分の直接の利益に関わらない場合は公平性などの要素が影響するのでした。もし自分に関係がないと思っていた場合、それについて使うかどうかを訊いても、アンケートの回答者は答えようがなかったのではないか、というのです。

6.4.2 社会的受容性の質問紙調査

以上で述べた先行研究を踏まえて実施された社会的受容性の調査について、ここで紹介します [3, 5]*3。この調査では、先行研究で挙げられていた難点に着目して、分野横断的な解釈が可能であるように質問項目を設計し、さらに個人的な考えと社会通念との兼ね合いを訊いています。それぞれのねらいと具体的な手続きを以下に述べます。

6.4.3 データ活用のパターン

第3章で、次のようなデータ活用のテンプレートを示しました。

□ が □ から □ を得て □ に使う

この調査でも、このテンプレートを活用しています。具体的には、テンプレートの各欄について、いくつかの項目を用意して、これらの組み合わせでパターンを表現し、利用の意向について訊いています。たとえば、「主体：行政機関」「種別：容姿」「処理結果：個人を特定」「目的：信用評価・保険審査」といった要素

---

*3 本書の著者である株式会社サイバーエージェント 高野雅典と森下壮一郎（本章の執筆者）が手がけたものです。国立情報学研究所 武田英明先生、神奈川大学 高史明先生、立命館大学 小川祐樹先生との共同研究として実施されました。

の組み合わせであれば、

| 行政機関 | が | 容姿 | から | 個人を特定（する情報） | を得て | 信用評価・保険審査 |
に使う

という文章を組み立てて、このようなサービスを利用したいかどうかを訊きます。

　このやり方のポイントは、4 つの項目の組み合わせで機械的にパターンを作り上げて、それぞれについて「ありかなしか」を訊くところです。機械的に生成するので「普通はあり得ない」と考えられる組み合わせも出てきます。この調査では、そういったパターンをあえて訊くことにしたのです。それというのは、第 2 章の「事件簿」で挙げたとおり、データ種別と利用目的の思いもよらない組み合わせから活用技術や応用事例が生み出されて、社会的な問題となることがあるからです。この調査では、各パターンを構成する要素のうち、どの要素あるいは組み合わせ[*4]が受容性に影響するか、ということを網羅的に分析の対象としたのです。

6.4.4　各グループの項目の検討
　以下、各項目について、どのように考えて要素を列挙したのか述べます。

■ 利用主体の要素
　この調査では、利用主体を大きく「公共機関」「研究機関」「私企業」の 3 つに分けました。それぞれさらに細かく分けることができますし、信頼が異なるのですが、この調査では社会的な役割の違いによる影響をみるために、あえてこれ以上の細分化はしませんでした。ただし、私企業は資本関係による違いがあることが考えられたので、国内の私企業と外資の私企業とに分けることにしました。

■ 利用主体
　各グループの調査に先立って、以下の 2 つの観点に基づいてパーソナルデータを大別しました。

---

*4　**交互作用**と呼びます。

- 「メンタル」か「フィジカル」か
- 「内側について」か「外側について」か

この区分けはあまり一般的ではないかもしれませんが、次に述べるような考え
に基づいています。どちらかというと心についてのものを「メンタル」、身体に
ついてのものを「フィジカル」としています。たとえば思想信条や趣味・嗜好な
どは「メンタル」で、体温や身長や体重などは「フィジカル」です。「メンタルと
フィジカル」のそれぞれに「内側と外側」という分類を合わせると、組み合わせ
は 2 × 2 の 4 通りになり、それぞれ次のような対応関係が考えられます。

- **心理的**かつ**内側**：内心（思想信条、趣味・嗜好など）
- **心理的**かつ**外側**：ふるまい（発言、行動、私的な交友関係など）
- **物理的**かつ**内側**：身体の状態（保健・医療など）
- **物理的**かつ**外側**：その他（社会的地位、収支・資産、公的な交友関係など）

表 6.1 のように、それぞれのパターンを代表する項目を挙げました。これによ
り、質問項目を具体的に示しながらも、できるかぎりの網羅性を担保することを
ねらっています。

表 **6.1**　4つの組み合わせに基づくデータの分類と項目

分類	データ種別	処理結果
内心	（観測はできない）	趣味嗜好
ふるまい	行動履歴	将来の行動や意図
身体の状態	保健・医療	病気や寿命
その他	収支・資産	支払い能力や年収

「内心」は、観測してデータにできません。頭に電極をつけて脳活動計測を行っ
て心の状態を測る、という製品もあるにはあります。しかしこのような商品は、
心そのものを測っているのではなく、脳の活動に伴って生じる電位や血流の変化
など（身体の状態）を測って、それから心の状態を推定しています。

表 6.1 では処理結果を対応づけましたが、1 対 1 に対応しているわけではあり
ません。異なる組み合わせも考えられます。たとえば、行動履歴（ふるまい）か
ら趣味嗜好（内心）を推定することは、一般的に行われています。また、行動履
歴（ふるまい）から病気（身体の状態）を推定することも可能でしょう。逆に、

病歴（身体の状態）から将来の行動や意図（ふるまい）を推定する、といったことも考えられます。

　以上で十分な気もしますが、さらに処理結果の項目に「個人の同定」を加えました。これは、パーソナルデータに識別子もしくは準識別子を対応づけることを指しています。データの取り扱いのプロセスの観点からは「処理結果」に相当すると考えられます。

　そして「個人の同定」に対応するデータ種別として「容姿」を加えました。容姿は上述の分類では「その他（物理的かつ外側）」ですが、顔画像がよく個人の同定に用いられていることと、服装や体形などから内心や身体の状態などを推し量ることも可能な場合が考えられることから、とくに追加しました。

■ 利用目的

　リスクの社会的受容性を研究していたチャウンシー・スターによれば、**受容**とは「ベネフィットとリスクとの2つの認知的要因のバランス」だとされています [6]。データ活用の目的に応じて、ベネフィットもリスクもいろいろと考えられます。

　この調査では、次の2つの観点に基づいて大別しました。

- ●「公的なベネフィット」と「私的なベネフィット」の相対的な比
- ● 個人の行動が制約されるリスクの大きさ

　この2つの観点に基づいて、やはり4つの組み合わせが考えられるので、それぞれの代表的な例を列挙しました。

- ● **公的なベネフィットが相対的に大きく制 約 的**：管理・監視・統制
- ● **公的なベネフィットが相対的に大きく非制約的**：福祉
- ● **公的なベネフィットは相対的に小さく制 約 的**：与信・保険
- ● **公的なベネフィットは相対的に小さく非制約的**：広告・公告

　たとえば街中の監視カメラの導入などによる治安維持は、巡り巡って私的にも恩恵はあるものの、公的なベネフィットのほうが私的なベネフィットよりも相対的に大きいといえます。一方で、人々はプライバシーが侵害されているように感じるなど、個人の行動が制約されるリスクについては大きくなります。

　福祉は、やはり公的なベネフィットが相対的に大きいといえますが、監視のよ

うに制約のリスクがあるものではありません。

　与信や保険は、個人のライフチャンスという観点で、たとえば大きな融資が受けられたり、保険により経済的に致命的な事態を避けられたりなど、公的というよりは私的なベネフィットが大きいものです。しかし、与信情報が広く共有されることで、信用スコアのように日ごろの行動が評価されるようなことがあれば、やはり個人の行動が制約されるリスクは大きくなるでしょう。

　広告は、それを受け入れることで無償で Web サイトを閲覧できたり、ときには知りたい情報が得られたりするなど、ベネフィットがあるとすれば、どちらかというと私的なものです。また、制約のリスクがとくにあるものでもありません。

■ データ利活用の要素の組み合わせ

　以上のような考えに基づき、最終的に各項目について、以下のような要素を列挙して、パターンを生成することにしました（図 6.4）。

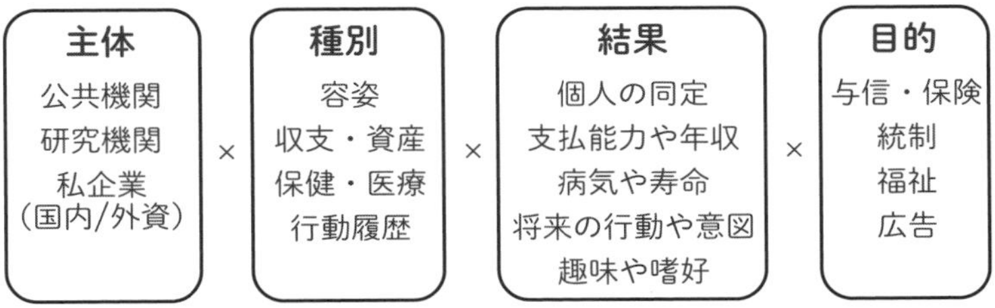

主体		種別		結果		目的
公共機関 研究機関 私企業 （国内/外資）	×	容姿 収支・資産 保健・医療 行動履歴	×	個人の同定 支払能力や年収 病気や寿命 将来の行動や意図 趣味や嗜好	×	与信・保険 統制 福祉 広告

図 6.4　データ利活用の要素の組み合わせ

■ 社会的通念と個人的観念

　先行研究では、自分には関係ないと考えたときにどう答えるべきか、回答者にとって判断が難しい、という難点が挙げられていました。この調査では、その点を答えやすくするために、社会通念に照らし合わせたうえでの受容として「実施の可否」、個人の観念に照らし合わせたうえでの受容として「利用の意図」を質問項目としました。

　「実施の可否」とは、「そのようなサービスが実施されてもよいか」ということです。たとえば趣味や嗜好に関するデータを広告の出し分けに使うことについて

は「実施されてもよい」が、医療や保健に関するデータを広告の出し分けに使うことについては「実施されてはいけない」と考える人は多いでしょう。逆に、医療や保健はよいが趣味や嗜好は実施されてはいけない、と考える人は少ないかもしれませんが、両方とも実施されてもよいと考える人や、両方とも実施されてはいけないと考える人もいるでしょう。

「利用の意図」とは、「そのようなサービスを自分は利用するか」ということです。「利用の意図」は「実施の可否」と必ずしも一致しません。たとえば趣味や嗜好に関するデータを広告の出し分けに使うことについては「実施されてもよい」と考えているが、Cookie によるトラッキングは拒否する（つまり「自分は利用しない」）という人は、それなりに多いのではないかと考えられます。逆に「実施されてはいけない」と考えているが、そのために Cookie を拒否すると、サービスが使えなくなったり不便になったりするので、やむなくトラッキングを受け入れている（つまり「自分は利用する」）という人もいるでしょう。

■ 安心についての項目

「利用主体に対して安心しているかどうか」も重要なファクターになるでしょう。この点は以下のそれぞれについて、「まったくそう思わない」から「強くそう思う」までの 7 段階で、それぞれどの程度そう思うか訊きました。《利用主体》には、「行政機関」「研究機関」「私企業（国内）」「私企業（外資）」のいずれかが入ります。

- ●《利用主体》は**評判を気にする**ので**データを悪用しない**
- ●《利用主体》は**公平**である
- ●《利用主体》は**市民／顧客よりもほかのなにかを優先する**ことがある[*5]

これは、前述のステークホルダー理論に基づくものです。ステークホルダー間の利害について、利用主体がどのように振る舞うと考えているか訊いています。レピュテーションの観点では「評判を気にする」かどうかがポイントになりますが、これはステークホルダー間の企業イメージの一貫性についての質問です。これに加えて「ステークホルダーを公平に扱うかどうか」と、「ほかのステークホ

[*5] この質問については「そう思う」ほど「安心していない」ということになるので、回答結果を逆転させる必要があります。こういった質問項目は**反転項目**と呼ばれます。

ルダーと自分との扱いに差があるかどうか」を、個人の企業イメージに対応する
質問として導入しました。

■ 安心や狭義の信頼に関わらない部分

相手の意図や能力が及ばない（相手に依存しない）部分に対する期待と、能力
に対する期待については、それらが回答に影響しないような工夫を施しました。
まず、相手の意図や能力が及ばない部分に対する期待について考えました。この
調査においては、たとえば「顔認識システムが誤判別しない」といったことです。
この要素には 2 つの難しさがあります。

1 つ目は「データ処理の内容によって精度が異なる」ということです。たとえ
ば、同じ顔認識のデータ処理でも、個人特定の精度と（年齢や性別などの）属性
推定の精度とは異なります。個人特定については、スマートフォンなどに搭載さ
れている顔認証を考えるとわかるように、双子などのよほど紛らわしい場合でな
ければ誤認識はありません。一方で、一般に属性推定は難しいタスクです。顔な
どの見た目から年齢を正確に推し量ることはほとんど無理な話ですし、性別も紛
らわしいことが多くあります。

2 つ目は「目的によって高い精度が要求されることもあれば、そうでもないこ
ともある」ということです。個人の特定は属性の推定に比べて高い精度が達成で
きますが、たとえば顔認証システムに応用する場合では間違いは許容されません
から、「属性の推定に比べて高い」程度の精度では不十分でしょう。一方で、属
性の推定の精度が多少低かったところで、たとえばターゲティング広告に応用す
る場合だったら大きな問題にならないでしょう。

「はたして目的と精度のバランスはどのように図られるべきか」というテーマ
は重要ですが、これは相手の意図や能力が及ばない部分に対する期待の話です。
調査のターゲットはあくまで「相手の意図に対する期待」だったので、目的と精
度のバランスまで考慮に入れた質問をすると、回答者は考えなければならない要
素が多すぎて答えづらくなりますし、調査の焦点がボケてしまうおそれがありま
した。このような考えのもと、「相手の意図や能力が及ばない部分」に対する個
人的な信念の違いが回答に影響しないようにするというねらいで、「個人の特定
や属性の推定は、それぞれの目的に対して充分な精度で実現されるものと仮定し
たうえでお答えください」と注釈を添えました。

　次に、能力に対する期待、具体的にはセキュリティなどについて考えました。調査のターゲットが「相手の意図に対する期待」であることから、相手の能力に対する期待への個人的な信念の違いが影響しないように、「充分なセキュリティのもとで適切にデータが管理されるものとします」と注釈を添えました。

6.4.5　社会的受容性調査の分析結果

　実施の可否と利用の意図が、それぞれどのような要素に影響するか分析した結果を簡単に紹介します。どのような分析によって結果が得られたのか、という点はここでは割愛します。詳細は文献 [5] を参照してください。

■ 実施の可否と利用の意図の割合

　最初に、全体を集計したグラフを見てください（図 6.5）。

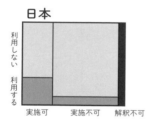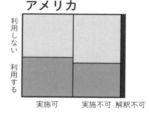

図 6.5　実施の可否と利用の意図（左：日本、右：アメリカ）

　これは**モザイクプロット**と呼ばれるプロット方法で、回答の数の比を面積の比で表しています。日本とアメリカとでそれぞれアンケート調査を実施した結果を集計していますが、クラウドソーシングサービスで協力者を募集しているので、それを原因とする偏りがあり、残念ながらそれぞれの国民を代表する結果ではありません。クラウドソーシングサービスに登録したうえで、そこで募集したアンケートに協力してくれた方々の回答ですから、そもそもインターネットサービスを利用している実態がありますし、諸々のサービスも受け入れやすい傾向があると考えられます。それが国民全体を調査対象としたときと比べてどの程度違うかはわかりませんが、相対的な比を比較することには意味があるでしょう。

　グラフは実施の可否に応じて左右に分かれていて、さらに利用の意図に応じて

上下に分かれています。

　実施の可否について、日本では 3 割ほどしか実施してもよいという評価を得ていませんが、アメリカでは 5 割ほどが実施してもよいとされています。日本はアメリカと比べて、そもそも実施してはいけないとみなされやすいようです。

　また日本では「実施可」であると「利用する」の割合が高くなる傾向がありますが、アメリカではその差が顕著ではありません。日本では、実施してもよいと考えられているサービスは利用されやすい傾向がありますが、アメリカでは、実施してもよいかどうかに対して利用されやすさはさほど変わりがないようです。

■ 受容性にどの要素が影響するか

　ここでは、次の 3 つの観点から、受容性（実施の可否や利用の意図）にどの要素が影響するか調べた結果を示します。

- 実施の可否
- 実施を受容したうえでの利用の意図
- 実施を受容しないうえでの利用の意図

「実施の可否」は、前述のとおり「利用の意図にかかわらず、そもそも実施してよいか」を意味します。まず安心に関する項目に着目すると、「利用主体が評判を気にするかどうか」と「公平かどうか」についての、回答者の観念が重要でした。「個人の同定」は、それ単独で受容されませんでした。

　「実施を受容したうえでの実施の可否」について見てみると、安心に関しては「利用主体が公平かどうか」についての回答者の観念が重要でした。「他者を優先しないか」については負の効果がありますが、これは公平性との相関が、相対的に低いことによると考えられます。また、交互作用を見ると、公共機関が保険・医療のデータを扱うことは受容されました。

　「実施を受容しないうえでの実施の可否」について見ると、安心に関しては、すべての項目が重要でした。単独の要素の効果を見ると、個人の特定が受容されないという結果でした。交互作用を見てみると、公共機関や研究機関が保険・医療のデータを扱うことは受容されます。また、処理結果が病気や寿命のときに、福祉を目的とすることは受容されるようです。これらは、文脈から妥当とみなされていると考えられます。研究機関が行動履歴を扱うことも受容されました。こ

れは調査期間が新型コロナウイルス流行の影響下にあったので、行動履歴が研究データとして利用されることはやむを得ない、とみなされていると考えられます。

　なお、私企業は国内でも外資でも、管理・監督・監視を目的とする利用は受容されませんでした。

　さて、ここで余談ですが、実はこの調査に先立って、調査の有効性を確認するために社内の従業員を対象とした予備調査を実施しています [7]。その予備調査では、私企業（外資）が広告を目的に活用することや、趣味や嗜好を広告に利用することについても受容されていました。一方で、本番の調査ではその傾向は見られませんでした。これはいわゆる**選択バイアス**で、予備調査ではアンケート回答者がインターネット広告事業に関係する企業の従業員であったので、広告に関する受容性がとくに高かったのだと考えられます。

参考文献

[1] 山岸俊男・小見山尚 (1995) 「信頼の意味と構造―信頼とコミットメント関係に関する理論的・実証的研究―」、『INNS Journal』、第2巻、URL：http://www.inss.co.jp/wp-content/uploads/2017/03/1995_2J001_059.pdf。

[2] Bernard Barber. (1983) "The logic and limits of trust", Rutgers University Press.

[3] Soichiro Morishita, Masanori Takano, Hideaki Takeda, Faiza Mahdaoui, Fumiaki Taka, and Yuki Ogawa. (2021) "Social Acceptability of Personal Data Utilization Business According to Data Controllers and Purposes", in *13th ACM Web Science Conference 2021*, pp. 262–271, NY, USA: Association for Computing Machinery, DOI: 10.1145/3447535.3462493.

[4] Robert C. Solomon and Fernando Flores. (2001) "Building Trust", Oxford University Press.

[5] 森下壮一郎・高野雅典・武田英明・高史明・小川祐樹 (2021) 「個人データ利活用の類型に応じた社会的受容性の質問紙調査」、『人工知能学会全国大会論文集（JSAI2021）』、DOI: 10.11517/pjsai.JSAI2021.0_2C4OS9b03、2C4-OS-9b-03。

[6] Chauncey Starr. (1969) "Social Benefit versus Technological Risk", *Science*, Vol. 165, No. 3899, pp. 1232–1238, DOI: 10.1126/science.165.3899.1232.

[7] 森下壮一郎・高野雅典 (2020) 「個人データ利活用における利用主体と利用目的に応じた社会的受容性」、『人工知能学会全国大会論文集（JSAI2021）』、3N5-OS-11b-01。

第7章
プライバシー・リスク・倫理

　事業でパーソナルデータを扱うにあたり、消費者を深く理解しておくことは重要です。なぜなら、消費者はパーソナルデータの提供元であると同時に、商品やサービスの購入（利用）者でもあるからです。消費者の行動や心情を考慮せずに事業を進めてしまうと、思わぬトラブルを引き起こしたり、企業としての信頼を損ねてしまう可能性があります。

　本章では、パーソナルデータのプライバシーやリスク、倫理について概観し、「消費者の目線から捉えたパーソナルデータ」と「事業者に必要とされる対応」について、過去の調査・研究の結果を交えて紹介します。

7.1　プライバシーの懸念と消費者の行動

　本節では、まず、パーソナルデータが「企業にとってどういうものか」「消費者にとってどういうものか」を確認し、そののちプライバシーの懸念とそれに伴う行動について説明します。

7.1.1　企業から見たパーソナルデータ

　1990 年代後半以降、IT インフラの技術の発展に伴いインターネット利用者が急激に増加し、ネットワーク上にさまざまなサービスが生まれ、急速に成長してきました。とくに**電子商取引**（以下 **EC**：Electronic Commerce）の分野では、1994 年〜1995 年ごろより数々のサイバーモール（電子商店街）やオンラインショッピング・サイトが開設されました。このころにサービスを開始した米国の Amazon や日本の楽天市場など、多くの企業が現在に至るまで事業を拡大し続けています。さらに、ブロードバンドの普及が始まった 2001 年以降には、スタートアップ企業や小売業者が EC 市場に参入し [1]、実店舗をもつ小売企業や製造大手も、インターネットで商品・サービスを販売するようになりました。

　EC が発展した理由の 1 つに、EC サイトを運営する事業者が、購入者の名前・住所・購買記録・Web サイト上の行動などのデータを、取得・分析できるようになった点が挙げられます。これにより、購入者の好みや購買傾向をマーケティングに活用できるようになりました。事業者はこれらのデータをもとに、消費者一人ひとりの好みに合わせて**パーソナライズ**されたサービスを提供し始めました。こういった個々に最適化されたサービスのことを、**パーソナライゼーション**と呼びます。

　パーソナライゼーションは近年になって使われ始めた手法だと思われがちですが、実は古くから用いられているマーケティング手法で、1940 年代半ばごろから注目されていました。当時は、住所録に掲載されている名前をダイレクトメール（DM）に記載して送る、たとえば日本全国の佐藤さん宛に「佐藤様」という書き出しで始まる手紙を送る、といった手法が使われていました。手紙の冒頭に個人名を記載した DM は、名前を記載しないものに比べて 6 倍もの反応があり、一定の効果を得ていました。しかし、しばらくすると徐々に目新しさがなくなってきたうえに、印刷コストも増加したため、あまり使われなくなっていきました

[2]。そののち、1990年代に小売業界でECが台頭するようになると、消費者の多種多様な情報を使ってパーソナライズされた販売機会の可能性に、マーケターが注目し始めます。

■ パーソナライズを加速させるオムニチャネル

時代が変化するにつれ、企業は従来の店舗・広告・イベントなどのオフラインチャネルに加えて、インターネット・Webメディア・SNS・モバイルアプリなどのオンラインチャネルを融合した、**オムニチャネル**[*1]をもつようになりました。これによって、認知・購入・決済・情報共有に至るまで、シームレスな顧客体験を提供できるようになっています。

オムニチャネルは、パーソナライズを実現する手段として、EC事業者にとって重要な手段だといえます。これらのチャネルでの消費者との**タッチポイント**、すなわち購買・問い合わせ・メール・SNS・Web閲覧などにおいて、パーソナライズされたアプローチをすることで、消費者のロイヤルティ（愛着心）を高め、ファンやリピーターを増やすことができるからです。

たとえば、購買履歴やWeb閲覧履歴から興味がありそうな商品をオンライン広告に表示したり（推薦という。1.2.1項参照）、SNSでお得な情報を通知したりすることが、オムニチャネルの活用で可能になります。膨大な店舗数で米国の人口の90%をカバーする小売最大手のWalmartは、店内のセルフレジの画面にパーソナライズされたメッセージを表示したり、利用者がWebサイトで注文した商品を実店舗で受け取るなど、店舗とECとの連携を含めたオムニチャネル化により、売り上げが数十億ドル増加したといわれています[3, 4]。また、日本では無印良品が、オムニチャネル化のために2013年にスマートフォンアプリ「MUJI passport」を導入し、パーソナルデータを活用してネットからリアル店舗への送客や顧客コミュニケーションによる広告効果を高めました[5]。

近年では、IoTや人工知能（AI）の発展により、企業は消費者のあらゆるタッチポイントにおいてデータを取得できるようになりました。そして、その分析結果から、詳細かつ個別のプロファイリングをすることによって、1対1のマーケ

---

*1　オンライン／オフライン問わず、店舗やECサイト、SNSなどのチャネルを通して購入の経路を意識せずに商品を購入したりサービスを受けたりできる状態、または販売戦略のこと。

ティングを大規模に行うことが可能になりました [6]。また、マーケティングでの利用以外にも、パーソナルデータは新しい製品・サービスの開発や需要予測、在庫管理、消費者との関係性の評価、さらには戦略的な価格設定を行うためにも、重要なデータとして活用されています [7]。

7.1.2 消費者の立場から見たパーソナルデータ

　次に、消費者側の立場からパーソナルデータを考えてみましょう。1970 年代ごろまでは「モノをたくさん作ればたくさん売れる」という、いわゆる**大量生産・大量消費**のプロダクト志向の時代が続きました。しかし、高度経済成長を経て、モノが溢れて豊かになると、人々の消費傾向は他人との違いや個性が強調された**高度消費社会**へと移り変わり、人々の消費行動に「こだわり」や「自分らしさ」が現れるようになりました [8, 9]。さらに、情報通信技術の急速な発展とともに、インターネットやモバイル端末が普及すると、スマートフォンやウェアラブルデバイスなどの端末から、商品（サービス）情報の収集・比較・レビューの確認・情報共有などが頻繁に行われるようになりました。そして、それまで企業から消費者への一方向だったマーケティング・コミュニケーションは、双方および消費者同士の新たなコミュニケーションの形へと変化していきます。この変化は消費者にとってどのような意味をもつのか、確認していきましょう。

■ あふれる情報

　多くの情報をすばやく簡単に入手できるようになるのと引き換えに、人々は、大量かつ複雑な情報を処理しなければならなくなりました。過剰な情報のなかから必要なものを見つけ出したり、膨大な数の選択肢のなかから最適と思うものを判断したりする必要が出てきています。

　たとえば、テレビを買おうとしたときに、どれほどの情報と選択肢があるでしょうか。50 社以上のメーカーから発売されているテレビの機種は、大きさ・厚み・機能・性能・画質・音質などの違いで、500 以上の種類があります。さらに、実店舗とインターネット通販のどちらで買うか・運送費・割引・ポイント・動画配信サービスとの接続など、購入するテレビを決めるための選択肢の組み合わせは、膨大な数になります。また、「テレビ おすすめ」で検索すると、約537,000,000 件の検索結果が現れ、下までスクロールしてもレビューサイトが

続き、テレビを選ぶための情報源もどこを参照すればいいのかわからないほど
です。

　未来学者のトフラーは、1970年に「将来の人間が選択の欠如によって苦しむよ
りは、むしろその過剰なためにどうにもならなくなる可能性のほうが大きい」と
予言していました[10]。いま、まさにその時代を、わたしたちは生きています。

■ 人間の情報処理能力の限界

　このように情報があふれる一方で、人間の情報処理能力には限界があります。
ありとあらゆる選択肢をもれなく検討し、人間の脳だけで合理的な判断をするこ
とはまず不可能でしょう。1978年にノーベル経済学賞を受賞したハーバート・
サイモンは、人間がもつ合理性の限界を表す**限定合理性**という概念を提唱しまし
た[11]。サイモンによると、人間が合理的になれないことには3つの理由があり
ます。

1. 人の知識は常に断片的である
2. 将来を予測するための想像力・経験は欠如している
3. 状況から人が想起できる選択肢はすべての可能性のごく一部である

　本来の要求、絶え間なく移り変わる状況、有限の認知、不確実な未来などが複
雑に絡み合う選択肢のなかから、自分にとってよりよい判断をするために必要な
情報は、どのように入手すればいいのでしょうか。

　無限の可能性にあふれる世界において、社会学者のニクラス・ルーマンは、以
下のように説きました[12, 13]。

　　社会システムによる複雑性の縮減が可能性を有限化し、具体的な選択はシステム
　　の構造によって縮減され、限定された可能性のなかから行われる

　情報過多の現代社会では、過剰な情報のなかから最適な選択肢を提供するプ
ラットフォームが、複雑性の縮減を実現するシステムとして重要になりつつあり
ます[14]。そして、情報社会における複雑性の縮減の鍵となるのが、パーソナル
データなのです。なぜなら、パーソナルデータを分析することによって、各個人
がどのようなサービスを求めているのか、どのコンテンツを参照するべきかな

ど、それぞれの趣味嗜好に合った形で最適な選択肢を提示できるからです。

　たとえば、日本経済新聞の「AI 推薦」機能（2020 年 11 月リリース）は、人間の判断能力をサポートするシステムの例だといえます。購読者が過去に読んだ新聞記事を AI が分析し、一人ひとりの関心に沿った記事を選出して自動表示することで、膨大な量の情報のなかから人間の代わりに興味があると思われるものを探索・検知しています。

　このように、消費者にとってのパーソナルデータは「膨大な量の情報から必要なものを取捨選択するための、補助をしてくれる可能性をもつもの」だといえます。ここまでの説明だと企業にとっても消費者にとってもパーソナルデータは歓迎すべき存在に思えますが、ここで考えなければならない問題がプライバシーに関することです。次項で詳しく説明します。

7.1.3　プライバシーのさまざまな定義

　パーソナルデータの活用は、企業と消費者にベネフィットがある一方で、プライバシーに関する懸念をもたらします。プライバシーの一般的な定義は、第 3 章で述べたとおり「他人の干渉を許さない、各個人の私生活上の自由」といえます。確かに自分の生活に干渉されたり、他人に知られたくない個人的な情報を公開されたら、プライバシーが侵害されたといえるでしょう。しかし、パーソナルデータが流通する現代社会において、プライバシーの定義はもっと複雑です。

　これまで多くの研究者や専門家が「プライバシーとはなにか」という問いに取り組んできました。古くは、1890 年に弁護士のルイス・ブランダイスとサミュエル・ウォーレンが論文「プライバシーと権利」のなかで、プライバシーを**そっとしておいてもらう権利**（right to be let alone）と定義し [15]、個人の私生活の尊重に関する権利と捉えていました。しかし、第二次世界大戦以降、スパイ活動に使用する監視装置などの技術の進化や、有名人の生活に対する大衆の好奇心の高まりなどのさまざまな世の中の変化により、社会におけるプライバシーの脅威は増大します。

　コロンビア大学名誉教授のアラン・F・ウェスティンは、1967 年に発表した著書『プライバシーと自由』のなかで、このような高度な監視技術社会におけるプライバシーを**自己に関する情報を、いつ・どのように・どの範囲で伝えるかを自ら決定する権利**と定義しました。また、法学者のチャールズ・フライドも科学技

術が発展した社会において、プライバシーは「他者が自己について知ることの制限」だけでは不十分とし、**自己に関する情報のコントロール**を定義に加えました[16]。

　近代になるとプライバシーの定義は細分化され、法学者のダニエル・J・ソロヴは、プライバシーを侵害するさまざまな活動を、4つのグループ（16項目）に分類しています（表7.1）[17]。

表7.1　Soloveによるプライバシー侵害の分類

4つのグループ	16のプライバシー侵害の項目
情報収集	監視・尋問
情報処理	集約・識別・安全性の欠如・二次利用・排除
情報の拡散	守秘義務違反・開示・暴露・アクセスのしやすさ・脅迫・流用・歪曲
侵害	（私的領域への）侵入・意思決定への干渉

　しかし、いまでもプライバシーは共通認識としての根本的な概念の理論化には至っていません。なぜならばプライバシーは、時代や場所、文化によって異なる文脈的概念であり、人によって経済的状況、健康状況、思想・信念などのセンシティブな情報の捉え方も異なるためです[18]。

■　なぜプライバシーは守られるべきか

　プライバシーの捉え方が画一的ではないからといって、プライバシーを考慮しなくてもよいというわけではありません。前節で触れたように、情報量が増大し複雑化するにつれ、消費者はプライバシーを守るために自分の情報を自分で管理することが難しくなってきています。さらに、パーソナルデータが世の中に出回ると、他者からのアクセスが容易になります。いつのまにか自分のプライバシーが侵害されていたり、意図的でなかったとしても他人のプライバシーを侵害してしまうことがありうるでしょう。

　たとえば、SNSに友人と一緒に写っている写真を投稿したときに、写真を投稿した人は楽しかった思い出をSNSでほかの友人たちに共有しているだけのつもりでも、一緒に写った友人がそれを快く思わない場合は、プライバシーを侵害したといえます。第2章で取り上げた数々の問題も、企業は悪意をもってパーソナルデータを利用してプライバシーを侵害したわけではなく、データ活用による

影響への思慮が足りなかったり、法律には触れていないから大丈夫と思っていたり、というケースも少なくありません。つまり、プライバシーという概念に確固とした定義がなく、多義的かつ文脈依存的であるがために、サービス検討段階での懸念事項から漏れてしまったと考えられます。

7.1.4　消費者とプライバシー

　消費者はプライバシーを懸念して、パーソナルデータの提供を躊躇することがあります。日本にかぎらず諸外国でも、パーソナルデータの提供に不安を感じている人の割合は多く（図 7.1）、とくに欧米では、大手のデジタル・プラットフォーマーの影響力に対する懸念が高まってきています。また、自分のデータとしては「口座情報・クレジットカード番号」やマイナンバーなどの「公的な個人識別番号」、「生体情報」に加え、「位置情報」や「氏名・住所・電話番号」などの情報は提供したくないと考える消費者が多いようです [19, 20]。

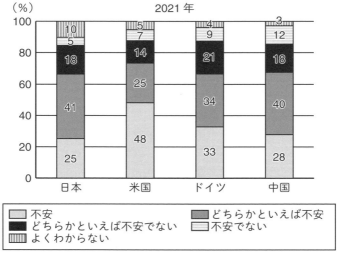

出典：総務省（2021）「ウィズコロナにおけるデジタル活用の実態と利用者意識の変
　　　化に関する調査研究」

図 7.1　サービスの利用にあたってパーソナルデータを提供することの不安

　一方で、ある条件下では、消費者は進んでパーソナルデータを提供することもあります。たとえば、パーソナルデータを提供するインセンティブとして金銭やポイントなどの対価が得られることがわかると、消費者は自らのデータを共有する傾向にあることが明らかになっています [20, 21, 22]。インセンティブは金銭的なものとはかぎらず、「自分に合った商品やサービスを提案してもらう」「興味のない広告を表示させない」など、無形の便益も含みます。

　経済学の分野では、消費者行動とプライバシーの関係について研究されてきました。**経済財**[*2] としてのパーソナルデータの価値や、データ保護とデータ共有のコストとベネフィットに関する、消費者の認識や意思決定などがモデル化されています [23]。しかし、消費者は結果が予測できない社会的な契約については、損得を考慮しない傾向があるとの指摘もあります [24]。また、パーソナルデータの提供という行為は社会的つながりに依存し、感情・好意・社会力・アイデアなどの無形資産との交換ができるという点で、純粋な経済取引とは異なります。

　では、現実の行動として、消費者はプライバシーをどのように捉え、パーソナルデータの提供の可否を決定するのでしょうか。

■　プライバシーの懸念に影響する要因とデータ開示の傾向

　消費者のプライバシーの捉え方とそれに影響する要因について、これまでに多くの調査が行われてきました。たとえば、もともと高い情報リテラシーをもつ人や、過去に情報漏えいを経験したことのある人は、プライバシーへの意識が高く、サービスの利用にも影響があるということが過去の研究で示されています [25, 26]。ほかにも、パーソナルデータを提供しようとしたときに、その Web サイトに誤字脱字やレイアウト崩れなどがあると消費者は違和感を覚え、プライバシーへの懸念が高まります [27]。このように、消費者のリテラシーや経験、そしてデータを入力する際の Web サイトの外観などが、パーソナルデータ提供を躊躇する際のプライバシーの懸念に影響することがわかっています。

　また、開示するデータの種類によっても、利用者のプライバシーの懸念の水準は変化します。自身の財務情報や健康情報など、他人にはあまり知られたくない

---

*2　経済学の用語で、数量的な制限があるため、入手するためには代価を支払うことが必要となる財のこと。売買の対象となる。

情報の開示に対してはプライバシー懸念が大きく、情報開示に慎重になるとされています。一方、趣味嗜好や年代、性別などの単純な属性情報に対してはプライバシー懸念が小さく、情報開示に寛容となるとされています [25, 28, 29]。

7.1.5　プライバシーパラドックス

　ここまで、プライバシーとパーソナルデータの開示について、過去に行われてきた調査・研究を紹介してきました。しかし、本当に消費者は、調査・研究で得られた結果のとおりに行動するのでしょうか。消費者のプライバシーに対する態度は、専門家が期待する結果になるとはかぎらず、その場の状況に応じて変化するという研究もあります [30]。

　確かに、異なる状況において異なる人格をもつ個人が、研究結果とまったく同じ行動をとるとは考えづらいですね。プライバシーに関してはさまざまな調査方法があり、その多くはオンラインで行われています。オンライン調査は信念や態度を調査することに適しているかもしれませんが、実際の行動を忠実に捉えることができない点に課題があります [31]。

　プライバシーに対する態度と行動の矛盾を表す**プライバシーパラドックス**という言葉があります。プライバシーパラドックスとは、人々が「自分はプライバシーを非常に重視している」といっているにもかかわらず、実際の行動ではほとんど見返りなしに個人情報を提供したり、プライバシーを保護するための手段を講じなかったりする現象のことです。プライバシーパラドックスには、リスクと利益のトレードオフとしての特徴があります。つまり、個人情報の漏えい・プライバシーの侵害・ネット上での嫌がらせなどのリスクと、社会的欲求の充足、自分をよく見せようとする印象操作・自尊心の確認などの利益が競合するのです。実際に、人々が表明する好みや意図と、実際の行動とのあいだに矛盾があることが、過去の調査から明らかになっています [32, 33]。

■ 消費者がパーソナルデータを提供する理由

　人はなぜ、プライバシーの懸念があるにもかかわらず、パーソナルデータを提供するのでしょうか。プライバシーパラドックスが起きる原因として、3 つの理由が挙げられます [24]。

1.　潜在的なリスクに対してメリットを考慮して判断を行うため
2.　信頼に基づいて経験則による意志決定を行うため
3.　潜在的なリスクの認識や知識が欠如しているため

　1つ目は、消費者がパーソナルデータを提供する際に、潜在的なリスクに対するメリットを考慮して判断を行うためです。前節で触れたように、プライバシーに懸念があったとしても、それを上回るメリットがあれば、データを提供するケースがあるでしょう。これは**プライバシー計算**（privacy calculus）という理論で、消費者の意思決定に影響するリスクと利益のトレードオフがモデル化されてきました。

　2つ目は、消費者が信頼に基づいて経験則による意思決定を行うためです。信頼、または肯定的な期待を寄せる企業に対して、消費者はリスクを考慮することなく自らのデータを提供します。これは、認知的な動機だけでなく、感情的な動機も考慮している点で、プライバシー計算の視点を補完しています。

　3つ目は、プライバシーに関連する潜在的なリスクの認識や知識の欠如です。たとえば、パーソナルデータがどのように収集され、利用されているのかを認識していなければ、データの提供に抵抗がないかもしれません。あるいは、自分のデータは法律または企業のプライバシーポリシーによって守られていると、暗黙的に信じている可能性もあります。これまでの研究でも、プライバシーに関する行動とデジタルリテラシーやスキルが関連していることが示唆されており、たとえばプライバシーに対する関心の高まりや議論による学習効果が、SNSのセキュリティ設定を変更する頻度に影響を与えたという調査結果もあります [34]。

■ 企業はどう対応すればよいか？

　消費者の意図と行動が異なるとして、企業はどのように対応すればよいでしょうか。まずは、プライバシーポリシーをきちんと定め、パーソナルデータの収集・利用・保護・管理などについて提示することは重要です。しかし、プライバシーポリシーを提示しただけでパーソナルデータ対策が万全というわけではありません。消費者はプライバシーポリシーをほとんど読まない、データ提供の意思決定に影響しない、ともいわれています [29, 35]。

　一方で、企業の信頼性はパーソナルデータの提供に影響するようです。たとえば、企業への信頼度が高いほどパーソナルデータの提供意欲が高まる [24, 36, 37]、消費者のプライバシーへの懸念を軽減しようと試みるよりも企業の信頼性をが高める方が効果的である [38]、ブランド力のある（有名な）企業に対してはパーソナルデータや自らの財務情報を積極的に開示する [39]、という調査結果もあります。第 6 章にもあるとおり、信頼性はパーソナルデータを活用する企業にとって、最も重要な要素といえるでしょう。

7.2　パーソナルデータのリスク

　前節では、パーソナルデータとプライバシーの関係を説明し、消費者がもつプライバシー懸念などについてまとめました。本節では「リスクとはなにか」について整理したのち、パーソナルデータに関連する消費者のリスクを考えていきたいと思います。

7.2.1　リスクの定義と考えられる事例
■ リスクとはなにか

　リスクという言葉は、不確実な事象、とくに望ましくないことや危険を発生させる可能性があるときによく使われます。もともとは中世ヨーロッパの航海と貿易における海上保険の契約で、損害が生じる可能性についてこの言葉が使われ始めたといわれています。

　しかし、現在の「リスク」は多くの意味を有しています。たとえば、工学の分野では、ハザード（被害）・脆弱性（システムの欠陥）・暴露（損失を被る可能性の影響範囲）と、確率を用いて定量化された危険のことを「リスク」と呼び、医療分野においては「予想された結果と現実の結果との相違」と表現されています [40, 41]。また、最も古くから「リスク」という概念を用いている経済学の分野では、次のように定義されています [42]。

1.　利得・損失を生じる確率（損失にかぎらない場合もある）
2.　事故・災害（hazard）・危難（peril）といった個人の生命や健康に対して危害を生じる発生源の事象
3.　損失の大きさとそれを生じる確率との積

このように、現代では日常生活のみならず、自然現象、システム環境、工学、土木・建築、政治、医療など、さまざまな場面で「リスク」という言葉が使われています。そして、多様な場面に応じて「リスク」の捉え方も少しずつ異なります。

■ 不確実性

現実世界での「リスク」を考えるには、**不確実性**の概念も考慮しなければなりません。複雑な社会において、「いつ」「どこで」「なにが」起きるかを把握し、その因果関係をあらかじめ予測することは困難であり、専門家でも正確な答えを導き出すことはできません。交通事故や病気など個人に関するものから、新たな感染症の発生や地球環境の変化など世界規模で影響を与えるものまで、不確実な事象は多岐にわたります。また、事象の捉え方や発生確率の有無などの側面から不確実性を捉えることもできます。リスクに関する専門知の研究を行うブライアン・ウィンは、不確実性を7つのカテゴリに分類し、整理しました（表 7.2）。

表 7.2 Wynneによる不確実性の分類

不確実性の種類	内容
リスク	危害の内容が知られ、その発生確率も知られている
狭義の不確実性	危害の内容は知られているが、その発生確率は不明。ただし、不確実性の程度は定量的に推定される
無知	未知の危険があるのかどうかさえ不明
非決定性	どんな種類の問題なのか、どんな要因や条件が関係しているのか不明。問題の立て方（フレーミング）が定まらず、議論が開かれている
複雑性	現象の振る舞いを決める要因が一意に定まらず、複合的で非線形
不一致	フレーミング・研究方法・解釈の多様性、論争参加者の能力に疑いがある
曖昧さ	事柄の正確な意味や、なにが主要な現象や要因かが曖昧・多義的

出典：玉川大学出版部（2004）『公共のための科学技術』

リスク（不確実性）の受容に対する、消費者の反応についても考えてみましょう。昔から、新たな技術は、開発されるたびに世の中に便益をもたらしてきました。しかし、新しい技術には必ずリスクが伴い、リスクと便益はトレードオフの関係にあります。リスクの社会的受容性の研究を行っていたチャウンシー・スターが、発電・飛行機・鉄道などの技術がもたらす死亡確率と金銭的価値に換算

した便益の関係性を調べたところ、受容できるリスクは便益の 3 乗に比例し、便益が大きくなるほどより大きなリスクが受容されることを示しました [43]。では、リスクが受容されているということは、人々は安心して新しい技術を利用しているのでしょうか。リスク認識と意思決定に関する研究を行っていたバルーク・フィッシュホフは、旅客飛行・食品添加物・水泳・スキーなど 30 項目の技術や活動に関する安全性とリスクの許容について調査しました。その結果、ほとんどの項目において、人々は現在のリスクレベルを許容しがたいと考えていて、さらなる安全性を求めていることがわかりました。当然のことながら、消費者は、リスクは低ければ低いほどよいと考えています。

■ パーソナルデータにおけるリスク

　パーソナルデータにおけるリスクとしてまず思いつくのは、「第三者による個人の特定」や「情報の悪用」などでしょう。たとえば、個人情報の漏えいやデータの詳細な分析により、個人の名前や住所が特定されると、ストーカー被害に遭ったり、誹謗中傷の対象にされる危険性があります。近年では、SNS で誤情報を拡散されたり、家族・友人関係を含むプライバシーが晒されるトラブルがたびたび発生しており、社会的な問題としてニュースでも取り上げられています。

　また、個人情報を悪用した「なりすまし詐欺」や「金融カードの不正使用」など、巧妙な手口で相手を信用させ現金をだまし取る特殊詐欺は、日本国内だけでも 2020 年の 1 年間で認知件数 13,550 件、総額 285 億円以上の被害が出ています [44]。

　その他のパーソナルデータのリスクとしては、「社会的評価の低下」も挙げられます。たとえば、中国のアリババグループの芝麻信用は、機械学習や AI などの先端技術で個人の信用評価を行っており、金融機関のみならず、旅行・結婚恋愛・学生サービス・公共事業などに信用調査サービスを提供しています。しかしこの信用評価は、所得の低い人は評価が高くなりにくい、銀行口座やクレジットカードを所有していない市民は評価がされない、などの課題が浮き彫りになっています。また、2.1 節で紹介した学生の内定辞退率の分析と販売を行った一件も、学生に不利な影響を与えたという点で、同様の問題だといえます。

7.2.2 リスクマネジメント

　不確実な要素の多いパーソナルデータのリスクに対して、企業や消費者はどのように対処すればよいでしょうか。これまでの章で取り上げてきた、個人情報を守る技術や法・規制の整備などは、リスクに対応する手段の1つです。しかし、パーソナルデータのリスクは「いつ」「どこで」「どのようなかたちで」現れるか定かではなく、技術や法律だけでは対処しきれないことも多くあります。

　さらに、人によってリスクの捉え方も異なります。同じ事象が起きたとしても、人によってリスクと感じるかどうかの判断基準や、その重要度は異なるでしょう。パーソナルデータにかぎらず、製品やサービスにおいて発生しうる問題に対して、企業が安全な事業活動を継続するための対策が必要とされています。

　近年、企業は身近なリスクや定量化しやすいリスクだけでなく、あらゆるリスクとその相互作用を管理することの重要性を認識するようになってきました。一見して軽微なリスクであっても、ほかの事象や状況と関連することで、大きな損害を引き起こす可能性があるためです。不確実性やリスクの原因と影響について、特定・分析・管理することを目的とした管理手法として、**リスクマネジメント**があります。リスクマネジメントはビジネスにおいて中心的な役割として位置づけられており、異なるリスクを個別に管理する縦割りの考え方から脱却し、組織に新たな価値を生み出します。

　組織がリスクマネジメントの基準を定め、うまく実施するためには、以下に挙げるような実用的な検討事項にも対処しなければなりません。

- リスクマネジメントの実施計画の策定
- より具体的なリスクマネジメントのための組織構造の設計
- 企業文化としてのリスクマネジメントの浸透
- リスクマネジメントの有効性を測定する基準や指標を確立すること

■ リスクコミュニケーション

　また、リスクに対する危機管理のあり方の1つとして、**リスクコミュニケーション**も注目されています。リスクコミュニケーションは、「相手を納得させるための交渉手段」と勘違いされることもありますが、本来の意味は「ステークホルダーが情報や意見を交換し、リスクの評価や対応策を一緒に考えていく双方向

コミュニケーションのプロセス」です。

　これまでの企業と消費者の関係は、消費者が専門的な知識をもっていないため（**欠如モデル**）、専門的な知識をもつ企業が消費者に対して一方向的に情報を示し、消費者側はそれを受け入れる（**受容モデル**）というものでした。しかし、先に述べてきたように、パーソナルデータのリスクは専門的な知識をもってしても正確には予測できない状況です。このなかで、新しい技術やサービスが受け入れられるためには、これまでの一方向的な情報提供ではなく、双方向のコミュニケーションによって企業でも気づかない問題を見つけていく必要があります。

■ プライバシー・バイ・デザイン

　プライバシーに対するリスク対策について、かつてはセキュリティの強化に注力し、そのためにはある程度のプライバシー侵害は仕方ないという考え方がありました。しかし、パーソナルデータの活用が進むにつれて、個人のプライバシー侵害が問題視されるようになると、世界各国で法規制が整備されてきました。そして、企業はいままで以上にパーソナルデータを収集するシステム・処理するプロセス・管理する方法などに、**善管注意義務**[*3]が求められるようになりました。

　このようなプライバシーへのリスク対策として、**プライバシー・バイ・デザイン**（Privacy by Design）という考え方があります。プライバシー・バイ・デザインは、7 つの基本原則をもとに、トレードオフの関係として捉えられがちなセキュリティとプライバシーを両立するアプローチをとることができます。

プライバシー・バイ・デザインの 7 つ基本原則

1. 事後的ではなく、事前的、救済的ではなく予防的
2. 初期設定としてのプライバシー
3. デザインに組み込まれるプライバシー
4. 全機能的──ゼロサムではなく、ポジティブサム
5. 最初から最後までのセキュリティ──すべてのライフサイクルを保護
6. 可視性と透明性──公開の維持
7. 利用者のプライバシーの尊重──利用者中心主義を維持する

[*3] 「善良な管理者の注意義務」の略。社会的な地位や立場に応じて求められる、一般的な注意義務のこと。

　さらに、プライバシー・バイ・デザインの目標を達成するために、それが適切に実装されているかを確認する手段として、**プライバシー影響評価**（**PIA**：Privacy Impact Assessment）があります。PIA とは、潜在的なプライバシーへの影響を事前に評価する手法で、リスクを回避または緩和するために法規制や運用、技術の変更を促すためのプロセスの１つです。

　PIA は、リスクコミュニケーションの土台として、ステークホルダーとの共通の理解を促進したり、透明性を担保したりできるだけでなく、従業員に対するプライバシーに関する教育や注意喚起する方法としても利用することができます。PIA には 7 つの手順があり、それぞれのフェーズで、コミュニケーションやモニタリングが行われます（図 7.2）[45]。

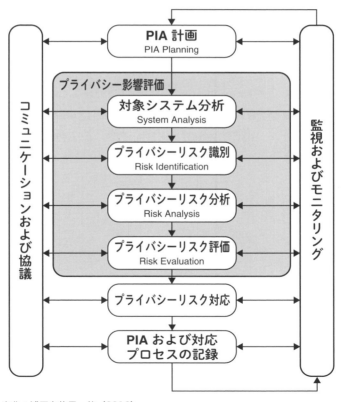

出典：浦田有佳里、他（2016）
　　　「マルチステークホルダープロセスにおけるプライバシー影響評価の考察」

図 7.2　PIA実施手順の概要

7.3　パーソナルデータと倫理

　リスク管理とともに、企業倫理の必要性も高まってきています。日本において企業倫理はコンプライアンス（法令遵守）と同一と捉えられることもありますが、これまで見てきたように、法令でカバーできないことも多々あります。本節では、企業倫理の必要性を確認したのち、ELSI（倫理的・法的・社会的課題）について説明します。

7.3.1　パーソナルデータの ELSI（倫理的・法的・社会的課題）

■ 企業倫理の必要性

　1980 年代以降、営利性を追求し過ぎた結果として、偽造・改ざん・隠蔽など大手企業の不祥事が次々と明るみになると、企業に対して社会性を問う動きが強まってきました。さらに時代が進むと、企業に対する世の中の批判は不正行為のみならず、環境破壊・情報漏えい・不適切な表現（行動）などに多様化しました。また、「エコ」「サスティナブル」「SDGs（持続可能な開発目標）」といったワードを **CSR**（企業の社内的責任）に掲げる企業も増えてきました。

　このように、企業は利益追求のみならず、**社会的責任**を果たすことを求められるようになりました。企業の社会的責任とは、経営に道徳的な観点を取り入れ、社内に企業倫理を浸透させていくことにつながります。企業によっては、それらをコンプライアンス・企業理念・行動指針として示しているケースもあります。

　コンプライアンスは、本来は単なる法規範のみならず、社会的・道義的責任を果たす意味での社会的規範を守ることを含みます。それは企業を取り巻く社会の声やステークホルダーの期待と信頼の声に耳を傾け、社会的・道義的責任を果たすために最善を尽くすことである、とされています [46]。

　また、近年では、CSR や社会的な取り組みに加えて、ホームページに企業倫理の方針を掲載する企業が増えています。そして、さらに進んだ企業倫理の取り組みとして、ELSI を実践する企業もでてきています。ELSI については、次節で詳しく解説します。

■ ELSI とは

ELSI（Ethical, Legal and Social Implications/Issues）は、新たな科学技術を社会実装する際に生じうる技術以外の課題を予見し、多角的な視点から解決策を提案する研究分野です。1988 年に DNA の二重らせん構造の解明でノーベル生理学賞を受賞した、ジェームズ・ワトソンによって提唱されました。ELSI は米国のヒトゲノム解析プロジェクトをきっかけに、将来の社会に備えるものとして求められ、複数の研究拠点が設立されています。

新しい技術を社会に普及させ、新たな産業の創造や生活様式の変化にまで導くためには、**倫理**（Ethical）・**法**（Legal）・**社会**（Social）のすべての課題に対処する必要があります。EU において ELSI は**責任ある研究とイノベーション**（RRI：Responsible Research & Innovation）という概念に発展し、2014 年から 2020 年までの 7 年間に、約 500 億円の予算が投じられています。

また、近年では AI や ICT の分野でも注目されており、国内では、人工知能学会が、AI と社会との関係や倫理的な課題を広く共有するために「AI ELSI 賞」を創設しました。AI ELSI 賞は、これまでに、AI の公平性の研究や SF という舞台を通して、AI にまつわる幅広いテーマを扱った漫画などが受賞しています。さらに、2016 年に閣議決定された第 5 期科学技術基本計画では、ELSI は「**倫理的・法制度的・社会的課題**」として取り上げられ、科学技術が人や社会と調和しながら新たな価値を創造し、責任ある研究・イノベーションを進めるための実践的協業モデルの開発が行われました。

■ なぜパーソナルデータに ELSI が必要か

パーソナルデータを扱う技術は、複雑なアルゴリズムを使用していることが多く、精査されにくいという特徴があります。その結果、消費者・システム・法規制・社会などの相互作用によって、設計者または消費者が意図しない結果が生じる可能性があり、思わぬ影響をもたらすかもしれません（第 10 章参照）。

たとえば、イギリスのケンブリッジ・アナリティカ社が SNS から収集したパーソナルデータからユーザーの人格モデルを作成し、それに基づいて広告や投稿を表示したことが、2016 年の大統領選挙にも影響したといわれています。また、パーソナルデータを扱うサービスの利用によって、消費者が差別的な扱いや不利益を被る可能性もあります。それは人種やマイノリティに対する差別や排除にか

ぎらず、パーソナルデータの解析によってカテゴライズされた結果、人によって提供されるサービスの価格や品質に差異が生じることがあるかもしれません。

このように、パーソナルデータを扱うビジネスモデル設計やサービス開発を行う際に、ELSI を考慮せずに進めてしまうと、消費者が不満や不安を抱き、結果的に事業が立ちいかなくなってしまう危険性があります。情報システムの社会に関する研究を行うルーカス・イントローナは、「革新的な技術のなかでも、とくに IT システム設計は ELSI が適用されず、不透明であることが多い」と指摘しています。そして、技術的な詳細から社会的実践に至るまでの倫理を精査し開示する**開示型倫理**（disclosive ethics）の考え方を提唱しました [47]。しかし複雑な社会ネットワークにおいて、設計の段階からすべての倫理的な課題を認識し、解決に向けて取り組むことは困難でしょう。ELSI に関する議論を推進するためには、ELSI-Co-Design ファシリテーターという役割をもつ人材が必要になります [48]。ELSI-Co-Design ファシリテーターには、関係者を集め、環境を整え、場合によっては組織を作り、技術的または分野特有の専門用語を翻訳して、調整する役割が求められます。

また、一般社団法人データ流通推進協議会は、パーソナルデータを扱う事業者が新たな事業開発をする際のガイドとなる「パーソナルデータ分野に関する ELSI 検討報告書」を 2021 年に発表しました。ここでは、事業者がパーソナルデータの取り扱いの適正性や潜在的な課題を顕在化させ、さらに共通要件を明確にすることで、分野・事業間の連携を可能にすることを目指し、6 つの基本要件を定義しています（表 7.3）[49]。

表 7.3　事業者がユーザー・消費者とともにAI社会を歩んでいくための6つの基本要件

基本要件1	グローバルな目線の必要性
基本要件2	責任あるビジネス、バリューチェーンの推進
基本要件3	消費者（個人）を主役に据えた事業全体のデザイン
基本要件4	消費者目線を踏まえた通知及び同意
基本要件5	フェアネス
基本要件6	透明性と説明責任

出典：一般社団法人データ流通推進協議会（2020）
　　　「パーソナルデータ分野に関するELSI検討」報告書

■ ELSI の取り組み

　専門機関を創設して、ELSI 研究を行う大学もあります。大阪大学は、ELSI を総合的・継続的に取り上げる国内初の拠点として、2020 年 4 月に「社会技術共創研究センター（ELSI センター）」を設立しました。大阪大学の ELSI センターは、法学・社会学・人類学・哲学などのさまざまな専門分野のメンバーが参加しています。「科学技術と並行して社会技術の開発も必要」という考えのもと、新しい科学技術の社会実装で求められる「安全・安心、社会責任、法規制、公平性、社会需要」などについて、総合・実践・協働形成の 3 つの研究部門で、多様なステークホルダーとともに共創研究を実践しています。また、中央大学では、2021 年 4 月に ELSI センターが創設され、企業・公官庁・自治体などと連携しながら、社会課題に対する共同研究や人材育成を行っています。

　一方で、ELSI に注目する企業も出てきています。電通は「産業界におけるデータ流通に関して、市民社会の理解を得るための適切なルール整備が不可欠である」との課題感から、2019 年 2 月に大阪大学と「行動データ駆動型ビジネスの ELSI 領域」におけるルール整備に向けた、産学共創プロジェクトを実施しました。このプロジェクトにおいて、位置情報の利活用に関するガイドラインや、企業のプライバシーポリシーの伝え方について評価を行いました。

　また、メルカリの「mercari R4D」という社会実装を目的とした研究開発部門が、大阪大学 ELSI センターと共同研究を行い、2021 年 7 月に研究開発倫理指針を公開しました。この指針の特徴的なところは、「不正行為の防止」や「契約の遵守」のような基本的な項目に加え、IT 企業における研究開発活動の倫理性や社会性を高めるための基本的な考え方として「多様なステークホルダーの包摂と熟議」「研究成果による潜在的なインパクトの認識と考慮」「研究成果発信とコミュニケーション」といった多様性や透明性を担保する項目が含まれている点です。研究開発がもたらすイノベーションと社会の相互作用による価値創造を前提とすることで、倫理的受容とテクノロジーの発展を目指しています。

7.3.2 最高倫理責任者（CEO）の設置

　企業が継続的に消費者の信頼を得るためには、法令遵守だけでは十分ではない、と感じている方も多いと思います。これまでも AI やパーソナルデータ関連で、倫理的な問題とされる事件がたびたび発生しており、倫理的問題をリスクと考える経営者が増えています。近年では、企業の倫理的なリスクを管理する役職として**最高倫理責任者**（CEO：Chief Ethics Officer）を設ける企業もあります。

　たとえば、米セールスフォース・ドットコムは、2019 年 1 月に最高倫理責任者のポストを新設しました。就任したポーラ・ゴールドマンは、「テクノロジーの倫理的・人道的利用のための戦略的フレームワークを開発する」という幅広い任務を担うなかで、とくにセールスフォースの AI が悪用されないように環境を整えることに注力しています [50]。また、Google は倫理責任者の代わりに、倫理と AI に特化した委員会を設置しています。Google の AI 原則では、社会への貢献・不当な偏見の回避・安全性・説明責任・プライバシー原則などが掲げられており、この原則に基づいて、プロジェクトや製品を市場に出す前に評価する審査体制を構築しています。

　倫理責任者の役割は、倫理を逸脱しないよう企業活動を監視すること以外に、倫理的な企業文化を醸成するための社員のトレーニングも含まれます。とくに市場がめまぐるしく変化する現代では、競争上の優位性を得るために、パーソナルデータを活用して新しいサービスや製品を生み出そうとする動きも少なくありません。そういうときにこそ、パーソナルデータの使用やプライバシーに関する明確なポリシーを提示し、早い段階での倫理責任者の関与が重要となってきます。

　企業によっては、倫理責任者の役割を法務・コンプライアンスの担当者が担うこともあると思います。これまでは、倫理と法務・コンプライアンスは機能的に統合されており、どちらかというと法務・コンプライアンスに重点が置かれてきました。企業に適用される多くの法律や規制を遵守することは非常に重要であるため、これは当然のことといえます。しかし、ここで気をつけたいのは、法務やコンプライアンスの担当者は法律の専門家であるがゆえに、法律だけを見て判断してしまう可能性があるということです。「法律に触れていない」ということは、「サービスや製品のプロジェクトを進めても問題ない」とイコールではありません。

　本章では、パーソナルデータに関連するこれまでの企業と消費者の行動の変遷、プライバシー、リスク、倫理などについて紹介しました。パーソナルデータの活用というと、最新の技術を使って高い精度で分析することに注目してしまいがちですが、社会に適応し、受容される商品・サービスを開発するためには、消費者の目線でパーソナルデータを見直してみることも重要です。

　パーソナルデータの利用は企業にとって有益でも、消費者にとっては不利益になる場合もあり、結果的に企業の信用・評価に影響を及ぼします。消費者が懸念するプライバシーやリスクとその要因を理解することで、事前に課題を認識し、回避策を講じることもできます。多様なステークホルダーやさまざまな専門性をもつ人たちの意見を聞き、柔軟な対応をすることが、パーソナルデータ活用の一助となるでしょう。

参考文献

[1] 大谷卓史 (2012)「インターネットECの生成と展開：社会史の試み」、『吉備国際大学研究紀要。人文・社会科学系・医療・自然科学系Kibi International University』、59–82頁、URL：http://ci.nii.ac.jp/naid/110009004303/ja/。

[2] Jari Vesanen. (2005) "What is personalization?: a literature review and framework", *Helsinki School of Economics*.

[3] "Personalization works: It's how Walmart.com increased sales by billions (VB Live)", URL: https://venturebeat.com/2016/06/29/personalization-works-its-how-walmart-com-increased-sales-by-billions-vb-live/, 2021/2 Access.

[4] Wassel Bryan. (2021) "Walmart Renames Media Business, Puts Focus on Building Omnichannel Experiences - Retail TouchPoints".

[5] 金子充・守口剛 (2016)「無印良品のCRM戦略」、『Japan Marketing Journal』、第35巻、109–124頁、DOI: 10.7222/marketing.2016.008。

[6] Philip Kotler, Hermawan Kartajaya, and Iwan Setiawan. (2021) "Marketing 5.0: technology for humanity", *Wiley*, URL: https://ci.nii.ac.jp/ncid/BC03615076.bib.

[7] Robert C. Blattberg and John Deighton. (1991) "Interactive marketing: exploiting the age of addressability", *Sloan Management Review*, Vol. 33, pp. 5–15, 9, URL: https://go.gale.com/ps/i.do?p=AONE&sw=w&issn=0019848X&v=2.1&it=r&id=GALE%7CA11649593&sid=googleScholar&linkaccess=fulltexthttps://go.gale.com/ps/i.do?p=AONE&sw=w&issn=0019848X&v=2.1&it=r&id=GALE%7CA11649593&sid=googleScholar&linkaccess=abs.

[8] 児美川孝一郎 (2013)「若者の消費行動に見る日本社会の未来系」、『AD STUDIES』、第43巻、10–15頁。

[9] 坂田利康 (2015)「The Influence of Consumer Involvement on Consideration Set Composition in Japanese and German Consumers」、『高千穂論叢』、第53巻、69–90頁、URL：http://ci.nii.ac.jp/naid/120006560991/ja/。

[10] トフラーアルビン・徳山二郎・桜井保之助 (1971)「未来の衝撃−激変する社会にどう対応するか」、『レファレンス』、第21巻、122–129頁、URL：http://ci.nii.ac.jp/naid/40003841619/ja/。

[11] Herbert Alexander. Simon, and Chester Irving Barnard. (1947) "Administrative behavior: a study of decision-making processes in administrative organization", *Macmillan*, URL: https://ci.nii.ac.jp/ncid/BA19441617.bib.

[12] Niklas Luhmann・大庭健・正村俊之 (1990)『信頼：社会的な複雑性の縮減メカニズム』、勁草書房、URL：https://ci.nii.ac.jp/ncid/BN05753318.bib.

[13] 春日淳一 (1982) 「消費行動の機能–構造分析–ル-マン理論の応用」、『関西大学経済論集』、第31巻、851–868頁、URL：http://ci.nii.ac.jp/naid/120006490722/ja/。

[14] 東浩紀・濱野智史 (2010) 『ised：情報社会の倫理と設計』、河出書房新社、URL：https://ci.nii.ac.jp/ncid/BB0212480X.bib。

[15] Samuel Warren and Louis Brandeis. (1989) "The Right to Privacy", *Columbia University Press*, pp.1-21, DOI: 10.7312/gold91730-002.

[16] 山本龍彦 (2017) 『プライバシーの権利を考える』、信山社出版、URL：https://ci.nii.ac.jp/ncid/BB24537257.bib。

[17] Daniel J. Solove. (2008) "Understanding Privacy", *George Washington University Law School*.

[18] 宮下紘 (2021) 『プライバシーという権利：個人情報はなぜ守られるべきか』、岩波書店、URL：https://ci.nii.ac.jp/ncid/BC05594793.bib。

[19] 総務省 (2021) 『令和3年版情報通信白書 第1部 第1章 デジタル化の現状と課題』、URL：https://www.soumu.go.jp/johotsusintokei/whitepaper/ja/r03/pdf/01honpen.pdf。

[20] 株式会社NTTデータ経営研究所 (2021) 「「情報銀行の利用に関する一般消費者の意識調査」～パーソナルデータのトレーサビリティ・安全性への関心や現状のパーソナルデータの提供同意プロセスへの課題を確認～」。

[21] Rashi Glazer. (1991) "Marketing in an Information-Intensive Environment: Strategic Implications of Knowledge as an Asset", *Journal of Marketing*, Vol. 55, pp. 1–19, 10, DOI: 10.1177/002224299105500401.

[22] Mary J. Culnan and Pamela K. Armstrong. (1999) "Information Privacy Concerns, Procedural Fairness, and Impersonal Trust: An Empirical Investigation", *Organization Science*, Vol. 10, pp. 104–115, 2, DOI: 10.1287/orsc.10.1.104.

[23] Alessandro Acquisti, Curtis Taylor, and Liad Wagman. (2016) "The Economics of Privacy", *Journal of Economic Literature*, Vol. 54, pp. 442–492, 6, DOI: 10.1257/jel.54.2.442.

[24] Christian P. Hoffmann, Christoph Lutz, and Giulia Ranzini. (2016) "Privacy cynicism: A new approach to the privacy paradox", *Cyberpsychology: Journal of Psychosocial Research on Cyberspace*, Vol. 10, DOI: 10.5817/CP2016-4-7.

[25] Joseph Phelps, Glen Nowak, and Elizabeth Ferrell. (2000) "Privacy Concerns and Consumer Willingness to Provide Personal Information", *Journal of Public Policy & Marketing*, Vol. 19, pp. 27–41, 4, DOI: 10.1509/jppm.19.1.27.16941.

[26] Naveen F. Awad and M. S. Krishnan. (2006) "The personalization privacy paradox: An empirical evaluation of information transparency and the willingness to be profiled online for personalization", *MIS Quarterly: Management Information Systems*, Vol. 30, pp. 13–28, DOI: 10.2307/25148715.

[27] Paurav Shukla. (2014) "The impact of organizational efforts on consumer concerns in an online context", *Information & Management*, Vol. 51, pp. 113–119, 1, DOI: 10.1016/j.im.2013.11.003.

[28] Mark S. Ackerman, Lorrie Faith Cranor, and Joseph Reagle. (1999) "Privacy in e-commerce", pp. 1–8: ACM Press, DOI: 10.1145/336992.336995.

[29] Miriam J. Metzger. (2016) "Effects of Site, Vendor, and Consumer Characteristics on Web Site Trust and Disclosure:", *http://dx.doi.org/10.1177/0093650206287076*, Vol. 33, pp. 155–179, 6, DOI: 10.1177/0093650206287076.

[30] Federico Morando, Raimondo Iemma, and Emilio Raiteri. (2014) "Privacy evaluation: what empirical research on users' valuation of personal data tells us", *Internet Policy Review*, Vol. 3, pp. 1–12, DOI: 10.14763/2014.2.283.

[31] Spyros Kokolakis. (2017) "Privacy attitudes and privacy behaviour: A review of current research on the privacy paradox phenomenon", *Computers & Security*, Vol. 64, pp. 122–134, 1, DOI: 10.1016/j.cose.2015.07.002.

[32] Susan B. Barnes. (2006) "A privacy paradox: Social networking in the United States", *First Monday*, Vol. 11, pp. 5–9, DOI: 10.5210/FM.V11I9.1394.

[33] Patricia A. Norberg, Daniel R. Horne, and David A. Horne. (2007) "The Privacy Paradox: Personal Information Disclosure Intentions versus Behaviors", *Journal of Consumer Affairs*, Vol. 41, pp. 100–126, 6, DOI: 10.1111/j.1745-6606.2006.00070.x.

[34] Danah Boyd and Eszter Hargittai. (2010) "Facebook privacy settings: Who cares?", *First Monday*, 7, DOI: 10.5210/fm.v15i8.3086.

[35] Aleecia M. McDonald and Lorrie Faith Cranor. (2008) "The cost of reading privacy policies", *Isjlp*, Vol. 4, p. 543.

[36] Denise D. Schoenbachler and Geoffrey L. Gordon. (2002) "Trust and customer willingness to provide information in database-driven relationship marketing", *Journal of interactive marketing*, Vol. 16, No. 3, pp. 2–16.

[37] Donna L. Hoffman, Thomas P. Novak, and Marcos Peralta. (1999) "Building consumer trust online", *Communications of the ACM*, Vol. 42, No. 4, pp. 80–85.

[38] George R. Milne and Maria-Eugenia Boza. (1999) "Trust and concern in consumers' perceptions of marketing information management practices", *Journal of interactive Marketing*, Vol. 13, No. 1, pp. 5–24.

[39] Julia B. Earp and David Baumer. (2003) "Innovative web use to learn about consumer behavior and online privacy", *Communications of the ACM*, Vol. 46, No. 4, pp. 81–83.

[40] 飛田善雄 (2020) 「工学分野におけるリスク論の基礎：地盤工学と自然災害を例題として」、『東北学院大学工学部研究報告 = Science and Engineering Reports of Tohoku Gakuin University, Japan』、第54巻、25–44頁、URL：http://ci.nii.ac.jp/naid/120006826118/ja/。

[41] 医療経営人材育成事業ワーキンググループ (2006) 「経済産業省サービス産業人材育成事業 医療経営人材育成テキスト 医療経営人材育成テキスト [Ver.1.0]」、『経済産業省』、URL：https://www.meti.go.jp/report/downloadfiles/g60828a02j.pdf。

[42] 熊谷尚夫・篠原三代平 (1980) 『経済学大辞典（第2版）』、東洋経済新報社、URL：https://ci.nii.ac.jp/ncid/BN00794464.bib。

[43] Chauncey Starr. (1969) "Social benefit versus technological risk", *Science*, pp. 1232–1238.

[44] 「警視庁　特殊詐欺対策ページ」、https://www.npa.go.jp/bureau/safetylife/sos47/circumstances/、2022/1/10 閲覧。

[45] 浦田有佳里・下村憲輔・白石敬典・田娟・中原道智・瀬戸洋一 (2016) 「マルチステークホルダープロセスにおけるプライバシー影響評価の考察」、『コンピューターセキュリティシンポジウム2016論文集』、第2016巻、792–796頁、URL：http://ci.nii.ac.jp/naid/170000173767/ja/。

[46] 八田進二 (2011) 『企業不正の理論と対応』、同文館出版、pp. 7–8。

[47] Lucas D. Introna. (2005) "Disclosive ethics and information technology: Disclosing facial recognition systems", *Ethics and Information Technology*, Vol. 7, No. 2, pp. 75–86.

[48] Michael Liegl, Alexander Boden, Monika Büscher, Rachel Oliphant, and Xaroula Kerasidou. (2016) "Designing for ethical innovation: A case study on ELSI co-design in emergency", *International Journal of Human-Computer Studies*, Vol. 95, pp. 80–95.

[49] 一般社団法人データ流通推進協議会 (2020) 「「パーソナルデータ分野に関するELSI検討」報告書」。

[50] "Rise Of The Chief Ethics Officer", https://www.forbes.com/sites/insights-intelai/2019/03/27/rise-of-the-chief-ethics-officer/?sh=1581cbb5aba8, 2021/12 Access.

第 **8** 章
パーソナルデータの
「正しい」活用のフロー

　ここまでの章で、パーソナルデータを適切に扱うためには、法や倫理を含め多様な知識が必要であることを示してきました。この流れを踏まえて、本章では、パーソナルデータの適切な活用のための具体的な基準を示します。

　実際にパーソナルデータをビジネスに活かすには、データの取得や分析といった作業が必要です。その作業はデータ分析の担当者や部署に依頼したり、外部に委託したりすることでしょう。本章では、最初にそういったビジネスにおけるデータ活用の全体像を俯瞰したのち、具体的なデータ分析業務のフローを確認します。そののち、適切な活用のために必要な、データの利用基準について詳細を説明します。

8.1 データ分析の目的と手順

ビジネスにおけるデータ分析の目的は、**サービスの現状を把握**したうえで、**問題を正しく設定**し、**解決するための方法や知見を明らかにする**ことです。このときに役立つのが、Web サイトへのアクセスログや購買ログなどのユーザーの行動ログや、ユーザー自身や商品の属性情報といった**メタ情報**[*1]などの、パーソナルデータを含むさまざまなデータです。行動ログやメタ情報のデータを分析することで、現状を定量的に把握して分析することができます。

本節では、パーソナルデータを実際に取り扱う実務的な観点に基づいて、ビジネス的な課題を起点にデータ分析業務が実施され、その結果がサービスに反映されるまでの一連の流れを示します。

8.1.1 データ分析業務はどのように始まるのか？

実務では、プロデューサーやディレクターといったビジネス担当者が日々の事業数値を確認したり、事業数値を伸ばすために施策を検討しています。この数値が常に想定どおりの変化をすればよいのですが、意図しない数値の変化が発生することがあります。また、なぜ変化したのか、という原因がわからないこともあります。

こういった場合、担当者のこれまでの経験から施策を検討することがありますが、個人の経験から判断するだけでは事業の成長に限界がありますし、どういった施策を実施すればよいのか結局わからないこともあります。

そんなときに、データ分析から得られる知見が役立ちます。データ分析は、事業数値の変化の原因を解明したり、施策を検討するために重要な要素を明らかにしたりと、意思決定支援として役立ちます。パーソナルデータについても同様で、分析することによってサービスの改善点や顧客のニーズを探り、よりよいサービスを作るための意思決定を支援することができます。つまり、なんらかの意思決定が必要な課題を抱えた人が、データ分析の担当者に依頼を行うことでデータ分析業務は始まります。

ところで、データ分析の需要に対して、実際にデータ分析が可能な人材はほ

---

*1 メタ情報とは、当該データを説明するための情報のこと。データに付帯して、そのデータがどんなデータであるかを示します。

とんどの場合足りていません。そのため、データ分析の担当者には、さまざまな部署から依頼が入ることになり、必然的に扱うデータの種類や形式なども多岐にわたるようになります。また、依頼者によって依頼内容の粒度も異なるため、きちんと目的を明確にしていないと「ほしかったものと違う分析結果が出た」などのミスマッチが発生しかねません。

そういったミスマッチを避け、データ分析を適切に行うには、適切な業務フローで実施することが重要となります。以下では、文献 [1] を参考にしながら、データ分析業務の流れを説明します。

8.1.2 データ分析業務の流れ

データ分析は、図 8.1 のような業務フローで実施されます。

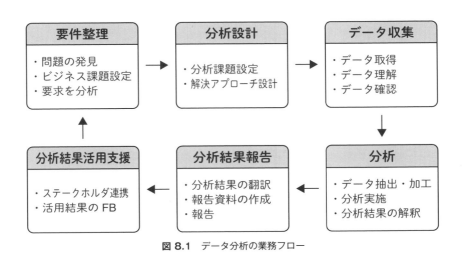

図 8.1 データ分析の業務フロー

実際のところ、実務において、このようにスマートに進められるケースは多くありません。要件が決まった状態でデータ分析の依頼が行われたり、特定のプロセスが何度も繰り返し実施されたりすることもあります。しかし、ミスマッチを避け、無駄を省いて必要な分析を行うためには、要件整理から始まるひととおりのプロセスに従ってデータ分析を行うことが理想的です。ここからは、各プロセスで具体的にどのようなことを実施するのかを説明していきます。

■ 要件整理

　要件整理は、データ分析業務の最初のプロセスです。問題を発見してビジネスの課題を設定したり、依頼内容の要求を明確にしたりします。具体的には、背景や問題意識に対してどのような課題を解決するのか、という目的を整理します。

　このとき、「背景にある**問題意識と目的の関係性**が妥当かどうか」に注意を払うことが大切です。課題背景や目的を明確にする以外にも「そのデータ分析の結果がどのようなアウトプットとなるのか、そのアウトプットをどのように活用するのか、それによってどのような期待効果があるのか」まで、可能なかぎり明確にします。

　要件整理は、データ分析の業務フローのなかでも最も重要なプロセスです。要件整理を疎かにすると、誤った目的のための分析になってしまったり、活用イメージが曖昧だったため結果が活用されなかったりすることがあります。ビジネス担当者とデータ分析担当者、双方の認識を、ここですり合わせておくことが重要です。

■ 分析設計

　分析設計では、明らかにしたい課題を明確にし、分析課題を解決するためのアプローチを設計します。具体的には、**ビジネス課題をデータ分析で解決できるような分析課題に定義**します。課題を解決するためにどのようなデータを扱うのか、どのような手順で分析を実施や評価を行うのか、などを明確にします。この手順により、要件整理で定めた内容とずれていないか、ほかに解決するアプローチがないか、などの議論や確認がしやすくなります。

　分析設計は唯一の正解があるものではなく、分析設計を行う人によって、難しく複雑なものにも簡単でシンプルなものにもなります。難しくて複雑なものは実務へ適用するのが困難なことが多いため、簡単でシンプルなものほど成果につながりやすい傾向があります。

■ データ収集

　データ収集では、データ分析で扱うデータを集めて、集めたデータに問題ないかを確認します。データがすでにデータベースなどに蓄積されている場合と蓄積されていない場合で、実施内容が大きく異なります。

　データが蓄積されている場合は、データのアクセス権限を調整したり、蓄積されているデータに問題がないか定義書と照らし合わせて確認したりします。この際「定義書の記載内容とデータが一致しているか」「欠損割合や基本統計量、データの分布がどうなっているか」などを確認します。

　一方、データが蓄積されていない場合は、データの取得や蓄積の方法から検討します。データの入手手段自体も、外部の会社から買いつけたりオープンデータを取得したりと複数存在するため、適切なものを選びます。ほかにも、継続的に取得が必要かどうかなどの、運用面についても検討します。収集ができれば、既存データと同様に、データに問題がないかを確認します。

■ 分析

　分析のプロセスでは、収集されたデータを扱いやすい形式に加工して分析を行い、課題を解決できる結果が出るように試行錯誤を繰り返します。収集されたデータは、データベースに格納されている状態だと**正規化**[*2]するために複数のテーブルに分かれていて、そのまま分析することができません。そのため**データマート**と呼ばれる、特定の目的に合わせてデータを抽出・結合・集約したデータセットを作成します。

　ほとんどのデータは、極端な値をとるような**外れ値**や、システムの不具合などで発生する**欠損値**などを含みます。これらはデータマートを作成するタイミングで対処します。データマートを作ることでデータを何度も加工する必要がなくなるため、データの加工処理が効率化されます。

　データマートを作成したら、実際にデータ分析を行います。データ分析は**集計レベル**と**統計レベル**という2つのレベルに分けて実施することがあります。

　集計レベルでは、**集計軸**と**集計値**を定義して傾向を把握します。集計軸を複数組み合わせることを、**クロス集計**と呼びます。集計レベルの分析は、処理が単純なため結果を出すまでの時間が比較的少なく済み、出てきた結果も人の解釈が容易なため、説明がしやすく納得感も高い点が挙げられます。しかし、人がある程度想定できるような、当たり前の結果となることが少なくありません。そのため、さらに深掘りをした分析をするために、集計軸を増やしてクロス集計を行い

[*2]　正規化とは、データを特定の規則に基づいて整えること。

ますが、そうすると見るべき軸が増えすぎて、人では解釈が困難となります。

　このようなときに、統計レベルの分析が活躍します。統計レベルの分析では、人では解釈が困難なときでも、傾向を捉えることができます。ただし、RやPythonといった統計処理に特化したプログラミング言語を使うことが多いため、工学的な知識や技術が必要になってきます。また、処理が複雑化するため、理解してもらえるよう結果を説明することが難しくなります。

■ 分析結果報告

　分析結果報告では、分析の結果をわかりやすく資料にまとめて、ビジネス担当者に報告を行います。資料には、分析するに至った背景や問題意識、分析の目的といった内容を最初に記載して、改めて認識を合わせます。

　分析には少なからず時間がかかるため、関係者は要件整理で定めた目的などを忘れていることがあります。こういったとき、目的の再確認がないまま分析結果が示されると、新たな要望や問題などに広がり、分析を再度実施するという展開に至ることがあります。データ分析者は、報告資料の冒頭に「この分析の目的」「内容の端的なまとめ」「実施結果の最小限のまとめ」を記載し、考察や活用案について議論できる時間を設けておくとよいでしょう。

■ 分析結果活用支援

　分析結果活用支援では、分析結果の活用方法を考えて、施策の設計や効果検証を行います。分析結果の活用において最も大切なプロセスですが、分析結果を得られたことで満足してしまい、疎かになりがちです。ビジネス担当者やデータ分析担当者が分析結果を完璧に理解していれば問題ありませんが、そんなことは極めてまれです。

　このプロセスが疎かになってしまうと、分析結果の解釈や活用法を間違ってしまうことがあります。施策を実施したあとに、効果検証についてビジネス担当者とデータ分析担当者で打ち合わせを行い、その際に誤ったデータ活用をしていることに気がつくケースもあります。ビジネス担当者は効果検証なども含めてデータ分析担当者に相談することが、データ分析担当者は積極的に活用まで支援することが大切です。

8.2 データの利用基準はいつ考えるべきか

　前節で説明した業務フローのなかでは、さまざまな観点でレビューが行われます。**データ利用基準**も、そのなかの1つに位置づけられるものです。パーソナルデータを含むデータを用いて、サービスを作ったり改善したりするときに、さまざまな条件を勘案して「そのデータの使用に問題がないかどうか」を判断するための基準のことを指します。

　本節では、データ分析者の視点で、どの時点でデータ利用基準を適用した確認を行うと効果的か、実例を交えながら説明します。

8.2.1 データ分析の業務フローにおいて利用基準を考えるべきタイミング

　データ分析の業務フローにおいてデータ利用基準を考えるべきタイミングは、**要件整理**と**分析結果活用支援**の2つ、つまり最初と最後が妥当です。理想をいえば、要件整理のタイミングでデータ利用基準を適用することで事足りればよいのですが、実務ではなかなかそうはいきません。その理由として、「データ分析開始時と終了時で要件が変わっているケース」と「利用するデータが最初から決まっていないケース」の2つのケースが挙げられます。

■ ケース① データ分析開始時と終了時で要件が変わっている

　データ分析業務の最初に要件整理を行うことは重要です。分析前に詳細にすり合わせを行うことで、認識の齟齬が発生したり、分析結果が活用できず放置されたりすることがないようにします。

　しかし、分析と分析結果報告のプロセスを繰り返すことで、どうしても分析前には想定できなかったことや、分析がうまくいかず要件を変更せざるを得ないことなどが、頻繁に発生してしまいます。分析者の能力が高いほど要件が変わることは減りますが、事業方針や組織の体制が変更するなど、分析者の能力に依存しない要因もあるため、要件がまったく変わらないことはほとんどありません。

　データ利用基準の適用を要件整理のタイミングだけで行ってしまうと、要件変更の影響で、分析実施前には問題なかった基準が問題になることがあります。そのため、分析結果活用支援のタイミングでも再度確認することが大切です。

　また、要件整理のタイミングでは、具体的な活用法をイメージすることが難しく、分析結果活用支援のタイミングで適切に行えばよいと考えることもあるかと思います。しかしそれでは、そもそもデータが利用できないことが分析後に判明するなど、分析が無駄に終わってしまうことがあるため、要件整理のタイミングでも実施することが大切です。

■ ケース② 利用するデータが最初から決まっていない

　多くの場合、データ分析は、社内で収集されたデータや、すでに外部から収集されている利用可能なデータで開始されます。実務では、ある程度のスピード感のある分析が求められます。すでに利用可能なデータであれば、分析に活用するための基準が明確になっていたり、過去の活用事例が蓄積されていたりするため、効率的にデータ分析が実施できます。

　一方で、機械学習システムの改善に関する分析などは、すでに収集されたデータだけでは分析に限界があり、新規で外部のデータを収集しないと改善インパクトが見込めないことがあります。このような場合では、最初は利用するデータが決まっておらず、分析しながらどんなデータを利用するのが効果的かを試行錯誤していきます。そのため、要件整理でデータ利用基準を判断することが困難です。こういったケースでは、分析によって必要なデータを明らかにして、分析結果活用支援の段階でデータを購入し、データ収集のための提案を行います。この提案時に、データ活用基準により情報を整理して、規約や契約内容を明確にしてデータを収集していきます。

8.2.2　データ利用基準を適用しないことで発生する問題

　要件整理と分析結果活用支援のタイミングでのデータ利用基準に基づいたレビューを疎かにすると、問題が発生することが多々あります。具体的に発生しうる問題を、事例を交えて紹介していきます。

■ シナリオ① 要件整理を実施しなかった

　ここでは、既存のデータ活用の延長にあたるタスクだったため「要件整理」を行わなかった結果、利用してはいけないデータを使ってしまったシナリオを紹介します。

　ある機械学習システムについて、「予測精度を上げたい」という依頼がありました。これは既存のタスクの延長にある課題だったため、分析者は要件整理を行わずに精度改善に取り組み始めました。

　しかし過去に試行錯誤していたこともあり、既存データでは精度が上がらない状況となってしまいました[*3]。そこで分析者は、アクセス可能なデータベースに格納されているデータから、予測精度改善に利用できそうなデータを探して使用しました。すると、統計的に有意に精度改善を行うことができました。

　さて、新たに追加したデータを使って本番の実装をすることになりましたが、そのタイミングで、追加したデータが利用規約上使えないことが判明してしまい、本番への実装が見送りとなってしまいました。

　このケースでの問題点は、分析者が「アクセス可能なデータは本番環境へ実装できる」と考えてしまったことです。データの利用目的などにより利用可否が異なることがありますが、それに合わせる形でデータを管理するのが困難なため、データ利用者が都度判断を行う必要があります。この場合は、精度が改善しなかったタイミングで改めて要件の整理を行い、そのタイミングでデータ利用基準も確認しておくことが大切です。

■ シナリオ② データの利用目的を明確にしなかった

　続いて、要件整理でデータの利用目的を曖昧なままにしたせいで認識の齟齬が生じ、利用してはいけないデータを使ってしまったシナリオについて紹介します。

　分析者は、機械学習の予測モデルを作成するタスクに取り組んでいました。このとき、要件整理のタイミングで、データベースに格納されているユーザーの行動ログとアンケートデータを分析に使ってよいかビジネス担当者に確認しました。担当者は、分析用途であれば問題ないと判断して、データの使用を許可しました。

---

*3　技術的な説明は省きますが、参考書の内容をすべて覚えてしまったので、これ以上は同じものを学んでも学力向上が見込めない状態、程度に思ってください。

　分析の結果、精度の高い予測モデルが構築できたため、分析結果を本番環境で実装することになりました。しかし、エンジニアに開発依頼をして要件をすり合わせしているときに、アンケートデータ取得時のデータ活用目的とは異なる目的で利用することが明らかとなりました。そのため、本番環境で実装するには、アンケートを再度取集して同意書にその旨を記載することが必要となりました。

　しかし一度アンケートに回答しているユーザーから再度回答をもらうことは難しく、初回のアンケート回答者数と比較して減少してしまいました。少ないデータ量で再度予測モデルを構築すると、当初の予測モデルほどの精度が出ずに、分析結果を本番環境へ実装することが難しいという意思決定となってしまいました。

　このケースでの問題は、要件整理のタイミングで「分析に利用する」という目的においてデータ利用基準を適用しており、その先の施策に利用できるかまで考えていなかった点にあります。もし要件整理時にアンケートを取り直さないといけないことが判明していたら、そこまでのコストをかけて実施するべきか最初に判断して分析実施の可否を検討できたので、分析のフローが無駄にならなかったでしょう。

8.3　データ利用基準の実例

　以上を踏まえて、本節では、筆者らが実践している**データ利用基準**の説明と、それを適用する手続きを示します。以降の説明では、前節までで述べたデータ分析業務の流れのうちの「要件整理」によって、活用すべきデータとデータの処理の目的が明らかになっていることを前提とします。

8.3.1　データ利用基準のねらい

　本節で説明する「データ利用基準」は、パーソナルデータを含むデータ活用の是非を判断するにあたって、2つの要求を満たすことを主眼に策定されました。

- できるだけ**総合的な視点**で判断したい
- できるだけ**端的に結果が得られる**ようにしたい

「よくある」想定問答を例に挙げて、詳しく説明しましょう。

■　**想定問答**

　たとえば、いま手元に自社が開発したスマホアプリに対するカスタマーレビューのデータがあるとします。アプリストアで公開されているもので、評価点とレビューの文章に加えて、アプリストア上でのユーザー名がついています。実名とはかぎりませんが、ユーザーを識別できる状態なので、このデータはパーソナルデータです。

　以上の前提のもと、事業担当者がデータの利用の可否を法務担当者に聞いてみたところ、次のようなやりとりになったとします。想定問答なので、ある程度ご都合主義的である点はご容赦ください。

事業担当者　「アプリストアから取ってきたレビューデータがあるんですが、このデータ使って大丈夫ですか？」

法務担当者　「どういった使い方でしょう？」

事業担当者　「アプリの画面に表示したいんですが……」

法務担当者　「そうですね、一般には著作権があるので、許諾がないと複製権と公衆送信権の侵害になるので NG ですね」

事業担当者　「え、そうなんですか……。実は推薦システムを作るために、教師データにもしようと思ってたんですが」

法務担当者　「機械学習への入力なら、複製権の適用除外になるので OK ですよ」

事業担当者　「あ、機械学習なら OK なんですか。こないだ業者から買ってきたデータも使おうと思ってたんですよね。それならよかった」

法務担当者　「あー、いや……そのデータは契約が優先されて、そのサービスには利用できないですね」

事業担当者　「……わかりました。どうもありがとうございます」

　以上の問答は「なんとなく」ですが、ディスコミュニケーションが発生しているように見えます。結論としてはなにも間違っていないので、これでも業務自体は問題なく進むでしょう。それでも拭えない違和感のもとを解きほぐしてみます。

■ それぞれの思惑

　さきほどの問答のなかには、言葉に出されていないそれぞれの思惑が背後にあります。それをカッコで補いながら振り返ってみましょう。

> **事業担当者**　「（勝手に取ってきたものだが使えるだろうか？）アプリストアから取ってきたレビューデータがあるんですが、このデータ使って大丈夫ですか？」

　ここで、事業担当者は**データを取得した手段**がポイントだと考えているので、それだけを法務担当者に伝えています。もちろん手段は重要なのですが、それだけでは判断ができません。法務担当者は、次のように考えて応答します。

> **法務担当者**　「（著作権があるデータだが、公開されているものだし取得自体は私的複製の範囲だろう。アプリストアの利用規約にもよるが、いずれにしろ目的が問題になるな）どういった使い方でしょう？」

　法務担当者は、データを取得した手段を聞いて、アプリストアやユーザーとの関係などの**データが得られるまでの経緯**を自分で補っています。そのうえで、データにまつわる権利として考えられるもの（ここでは著作権）にあたりをつけました。そしてここまでの思考を巡らせたうえで、「**利用目的**がわからないと判断ができない」と考えて、それを確認する質問をしました。しかし――

> **事業担当者**　「（データを取得した手段が問題になるかどうか聞きたかったんだけど、まあ答えるか）アプリの画面に表示したいんですが……」

　　──ここで実は事業担当者は、法務担当者の質問の意図を汲みきれていませんでした。それでも聞かれたことには答えたので、法務担当者にとって必要な情報は得られました。

　法務担当者　「（なるほど大体わかった。簡単に答えよう）そうですね、一般には著作権があるので許諾がないと複製権と公衆送信権の侵害になるので NG ですね」

　データにまつわる権利と利用目的がわかったので、法務担当者はようやく判断ができるようになりました。しかしそこに至ったすべての考えを説明すると大変なので、あくまで親切心で端的に答えています。それはよいのですが──

　事業担当者　「（おっと、やっぱり勝手に取ってきたデータは使えないのか！）え、そうなんですか……。実は推薦システムを作るのに教師データにもしようと思ってたんですが」

　　──事業担当者は、**権利や目的が重要だ**ということに気づかないまま、**手段が問題だったのだ**と思い込んで、「目的にかかわらずこのデータは使えない」と考えてしまいました。最初の質問で事業担当者は手段について訊ねる意図があって、それに対してダメだといわれたからですね。さらに、よかれと思ってのことですが、法務担当者があまり細かいことを説明しなかったために、問答のなかで焦点が手段から目的に移り変わっていたことに事業担当者は気づきませんでした。
　さらに法務担当者は、やはりよかれと思って次のようにいいます。

　法務担当者　「（その目的なら著作権の問題はないな……）機械学習への入力なら複製権の適用除外になるので OK ですよ」

　第 4 章で述べたとおり、著作権法は何度かの改正を経て、機械学習への入力についての利用者側の制約が大分緩和されました。法務担当者としては、やはりそこは説明しておきたいところです。しかし──

事業担当者　「（そうか、その目的なら OK なのか！　勝手に取ってきたデータ
　　　　　　　　で OK なら買ってきたデータなら当然 OK だろう）あ、機械学
　　　　　　　　習なら OK なんですか。こないだ業者から買ってきたデータも使
　　　　　　　　おうと思ってたんですよね。それなら良かった」

　　——ここで事業担当者は「目的がポイントになるのだ」と気づくのですが、権
利に目が向いていないので、目的だけを考えて「どんなデータでも機械学習なら
OK」と誤解してしまいました。すると——

法務担当者　「（買ってきたデータ……？　このあいだ契約を結んだやつか。
　　　　　　　　あれは確か……）あー、いや……そのデータは契約が優先され
　　　　　　　　て、そのサービスには利用できないですね」

　　——法務担当者にとっては「それはそれ、これはこれ」なので、「買ってきた
データ」のデータが得られるまでの経緯までさかのぼって考えます。この例で
は、たまたま自分が契約に関わっていたので、すぐに経緯に思い至りました。そ
して、実はそのデータについては別のサービスで使う目的で契約が結ばれてい
て、いま話をしているアプリでは使えない状況でした。……という契約の内容を
一から説明するのはなんなので、やはり端的に答えています。結局——

事業担当者　「（もうわからんな、これ。まあ、やっていいことといけないこと
　　　　　　　　は知れたからとりあえずはいいか）……わかりました。どうも
　　　　　　　　ありがとうございます」

　　——という具合に、事業担当者はいささか腑に落ちない点はあるものの、必要
な回答は得られたので、ここでやりとりを終わらせました。

■　どのように解決すべきか

　上の例のように、法務担当者は総合的に見たうえで、すべてを説明するのは煩雑だと考えて端的に答えています。しかし聞く側は端的な答えから局所的にしか情報を得られないので、「結局どういうことなのか」が、わからなくなってしまったのでした。こういうことはよくあります。

　法務担当者が、もう少し詳しく説明すればよい話かもしれません。しかしながら「どこから話せばいいのか」を的確に見極めるのは意外と難しく、一から説明するのは話すほうも聞くほうも大変です。したがって、この例における「端的に答える」という法務担当者の方針は、決して悪いものではありません。もちろん、関係者全員に本書を1冊全部読んでいただければある程度の話は通じるのですが、ご覧のとおりトピックスが多岐にわたるので、全員にそれを求めるのは酷な話です。

　このような背景から、データに付随する各権利と目的について「できるだけ端的に結果が得られるようにしたい」一方で、「できるだけ総合的な視点で判断したい」という要求がある、という結論に至りました。

　これらを満たすものとして筆者らが実践しているデータ利用基準が、**権利判断マトリックス**です。

8.3.2　権利判断マトリックス

　権利判断マトリックスは、データ利用の可否を判断するための枠組みです。最初に前提条件として示したように、要件整理によって利用するデータと目的はあらかじめ決まっているものとして、そのデータと目的の組み合わせでデータ活用をすることの可否を判断します。

　ただし、データと目的について直接考えるのではなくて、「データに付随する権利」と「目的に対する権利」に分けて考えるので、「権利判断マトリックス」という名前にしました。デカルトのいう「困難は分割せよ」の実践です。どのような考えで分割したのか、次で示します。

■ 権利判断マトリックスに基づく検討の手続き

　事業担当者と法務担当者のやりとりを振り返ってみましょう。事業担当者の発言をもとに、法務担当者が確認した項目を整理すると、次のようになります。

- データの**取得経緯**（データを得た手段を含む）
- データの**種別**
- データの**利用目的**

　この 3 つがわかっていれば、利用の可否が判断可能です。具体的には次のステップを踏みます。

1. データが得られるまでの**経緯**と**データの種別**がわかると**データに付随する権利**がわかる（図 8.2）
2. さらに、データの**利用目的**がわかると**目的に対する権利**（どのようなデータにまつわる権利に気をつければよいか）がわかる（図 8.3）
3. **データに付随する権利**と**目的に対する権利**とを付き合わせると、**データの利用可否**がわかる（図 8.4）

　データにまつわる権利については、本書の第 3 章で説明した「個人情報」および第 4 章で説明した「著作権」「限定提供データ」「その他」の 4 つに分類します。

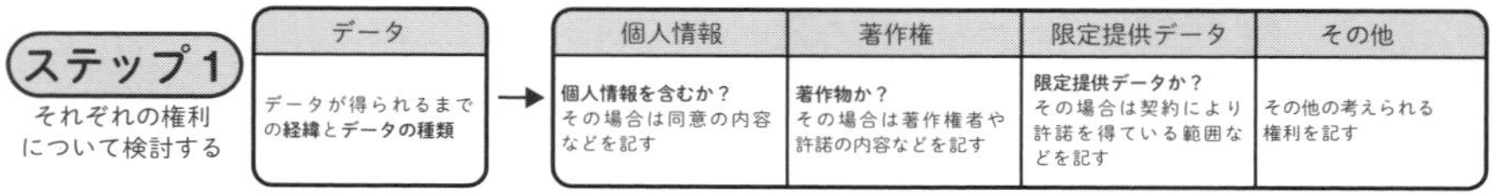

図 8.2 ステップ1：付随する権利の確認

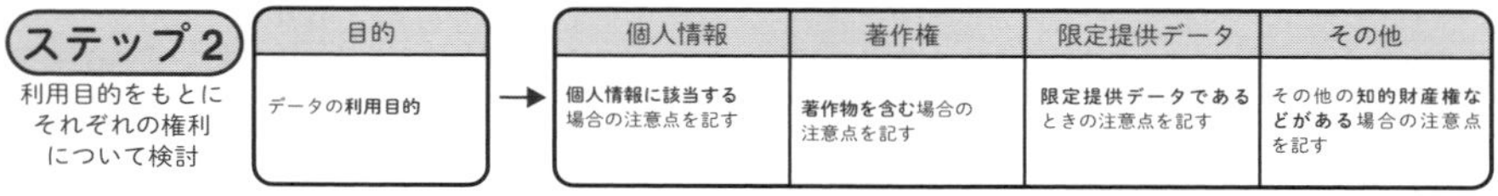

図 8.3 ステップ2：利用目的の確認

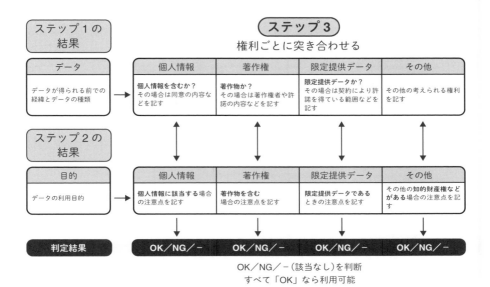

図 8.4 ステップ3：権利と目的の突き合わせ

　ステップ1では、データが得られるまでの経緯とデータの種別をもとに、4分類に基づいてそれぞれの権利について検討します。ステップ2では、データの利用目的をもとに、4分類それぞれの権利について検討します。ステップ3では、ステップ1とステップ2で検討した権利を突き合わせて判断します。

　なぜステップを分けるかというと、こうすることで検討した内容を「再利用」できるからです。以下、前述の事業担当者と法務担当者とやりとりした事例をもとにして、詳しく説明します。

■ 例① 「取ってきたレビューデータがあるんですが」の検討

　ステップ1で、対象のレビューデータについて、データにまつわる権利の4項目を検討します。図8.5に結果をまとめて示しました。

データ	個人情報	著作権	限定提供データ	その他
当該アプリストアの レビューデータ	該当しない	当該アプリストアの利用規約により投稿者に著作権がある。取得自体は私的複製の範囲だがそれ以外の利用で許諾を得ていない。	該当しない	レビューが当該アプリストアの利用規約に従っている投稿であるかぎり、とくに問題ない。

図 8.5　「取ってきたレビューデータがあるんですが」の「付随する権利」の検討

　まず「個人情報」の項目については、ここでの想定では個人を特定できる情報とは紐づけていないので該当しません。次の「著作権」の項目は該当します。いま考えている事例では、プラットフォーム（アプリストア）がレビュー投稿者から許諾を得ていて、著作権はレビュー投稿者がもっている、ということにしましょう。その次の「限定提供データ」は、該当しないということでよいでしょう。「その他」は包括的な項目なのでどんなデータでも必ず該当しますが、ここでは「レビューの内容がアプリストアの規約に従っている投稿であるかぎりは、とくに問題はない状況である」という想定にします。

　ステップ 2 で、アプリの画面に転載するという目的について、4 分類のそれぞれの権利についての留意点を検討します。これもまとめて図 8.6 に結果を示しました。もし「個人情報」の項目に該当するなら、利用目的の通知と同意が必要でしょう。「著作物」であれば、原則的には譲渡か許諾が必要です。「限定提供データ」であれば、契約を確認する必要があるでしょう。4 つ目の「その他」は、通信の秘密に該当する場合であったり、商標権などのほかの知的財産権があったりする場合の包括的な項目で、それぞれ同意や許諾などが必要です。

目的	個人情報	著作権	限定提供データ	その他
アプリの画面に 転載する	転載する旨の利用目的の通知と同意が必要。	複製権および公衆送信権が及ぶ。原則的に著作権の譲渡もしくは許諾が必要。引用の要件を満たせば引用可。	契約を確認する必要あり。	商標権や肖像権など、ほかの知的財産権がある場合は要確認。

図 8.6　「取ってきたレビューデータがあるんですが」の「利用目的」の検討

　ステップ 3 で、4 分類の項目をそれぞれ突き合わせます（図 8.7）。「個人情報」と「限定提供データ」の項目は該当しないので考慮に入れなくて構いません。「著作権」と「その他」の項目を考慮に入れる必要があります。「その他」の項目はとくに問題なさそうですが、「著作権」の項目で NG という判定になりました。

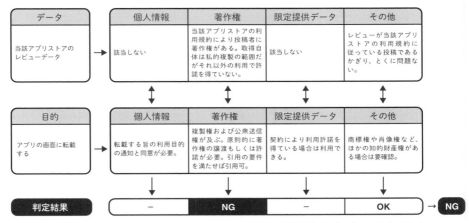

図 8.7　「取ってきたレビューデータがあるんですが」の「権利」と「目的」の突き合わせ

　ところで、このデータの「個人情報」と「限定提供データ」の項目はステップ1の段階で該当しないことはわかっていたので、ステップ2でわざわざ検討したのは無駄だったように見えます。それでもあえてステップ2で検討したのは、のちの「再利用」のためです。引き続き、前述のやりとりをもとにして説明します。

■ 例② 「教師データにもしようと思ってたんですが」の検討

　前述のやりとりで、事業担当者は、推薦システムのための教師データにするという目的を挙げました。この目的での利用はどうなるでしょうか。

　やはり3つのステップを踏みますが、ステップ1はすでに済んでいるので、ステップ2に進んで、機械学習のための利用について検討します。本書の第3章や第4章で説明した内容をまとめると、図8.8のようになります。

目的	個人情報	著作権	限定提供データ	その他
推薦システムのための教師データにする	統計処理は目的の特定不要で利用できる ※個情法ガイドラインQ&A Q2-5(統計処理のための入力)	複製権の適用除外。 ※著作権法30条の4(著作物に表現された思想又は感情の享受を目的としない利用)	契約により利用許諾を得ている場合は利用できる。生成されたモデルの扱いにも注意が必要。	統計モデルの作成にあたっては不法行為を構成するリスクは小さい。

図 8.8　「教師データにもしようと思ってたんですが」の「利用目的」の検討

　ステップ3で、前述の例と同様に4分類の項目をそれぞれ突き合わせます（図8.9）。すると、機械学習の教師データであれば扱えることがわかりますね。

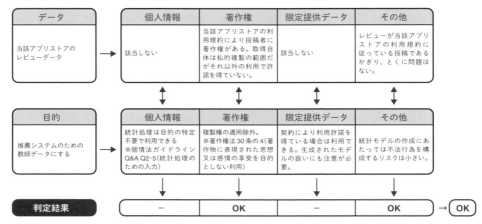

図 8.9　「教師データにもしようと思ってたんですが」の「権利」と「目的」の突き合わせ

■ 例③「買ってきたデータも使おうと思ってた」の検討

　さらに、買ってきたデータを機械学習の教師データにする場合についても検討しましょう。3 つのステップのうち、ステップ 1 はあらためて検討が必要ですが、ステップ 2 についてはさきほどの検討結果が再利用できます。ここでの想定では、限定提供データに該当する場合である、としましょう。ここまでの説明で大体の要領が掴めてきたのではないかと思うので、ステップ 1 の検討結果もまとめて、ステップ 3 で突き合わせている様子を図 8.10 に示します。

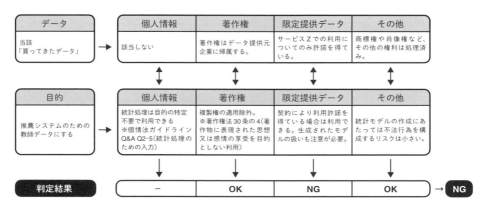

図 8.10　「買ってきたデータも使おうと思ってた」の「権利」と「目的」の突き合わせ

　「個人情報」や「著作物」が該当するだけなら問題なかったのですが、「限定提供データ」に該当する場合で、かつ契約内容を考慮に入れると NG である、と判定できます。

8.3.3　権利判断マトリックスとしての表現

　以上の手続きで、「データに付随する権利」と「目的に対する権利」とをそれぞれ列挙できました。この成果を表にしてまとめておくと、のちのち便利です。「データ利用基準」では、これらの表をそれぞれ次のように呼んでいます。

- **データ・権利マトリックス**：「データに付随する権利」の表
- **目的・権利マトリックス**：「目的に対する権利」の表

　そして、この 2 つを合わせて「権利判断マトリックス」と呼んでいます。例として、筆者らが作成した「データ・権利マトリックス」と「目的・権利マトリックス」の一部を、196 ページの表 8.1 と 197 ページの表 8.2 にそれぞれ示します。

　「データ・権利マトリックス」が個別の事例について端的に特記すべきことが書いてある一方で、「目的・権利マトリックス」は一般的かつ総合的な書き方になっているところがポイントです。このように分けて整理しておいて、適宜データと目的に応じて組み合わせて検討する、という枠組みによって、当初のねらいの「できるだけ端的に結果が得られるようにしたい」一方で、「できるだけ総合的な視点で判断したい」という要求を満たしています。

表 8.1 データ・権利マトリックス

目的	個人情報	著作権	限定提供データ	その他
当該アプリストアのレビューデータ	該当しない	当該アプリストアの利用規約により投稿者に著作権がある。取得自体は私的複製の範囲だがそれ以外の利用で許諾を得ていない。	該当しない	レビューが当該アプリストアの利用規約に従っている投稿であるかぎりはとくに問題はない。
当該「買ってきたデータ」	該当しない	著作権はデータ提供元企業に帰属する。	サービスZでの利用についてのみ許諾を得ている。	商標権や肖像権などのその他の権利は処理済み。
N社から提供を受けた DMPのユーザーマッピングデータ（行動履歴）	個人を特定可能な項目は直接には取り扱われていない。しかし、ほかの個人データと突合することが前提であるとき個人関連情報として扱うべき。	該当しない	一般に該当する	契約を確認すること。
CGMサービスYのレシピのテキストおよび画像	一般にプライバシーの問題はなく個人情報とは解されない。	一般にレシピは著作物ではないが記事として著作性が認められる場合がある。また写真は著作性が認められる可能性が高い。	該当しない	レシピに特許権がある場合がある。
M社から購入したテレビ番組のキャストデータ	該当しないキャスト表は個人データとは解されない。	一般に著作物と見なされない。	一般に該当する	契約を確認すること。

表 8.2　目的・権利マトリックス

目的	個人情報	著作権	限定提供データ	その他
アプリの画面に転載する	転載する旨の利用目的の通知と同意が必要。	複製権および公衆送信権が及ぶ。原則的に著作権の譲渡もしくは許諾が必要。引用の要件を満たせば引用可。	契約を確認する必要あり。	商標権や肖像権などのほかの知的財産権があったりする場合は要確認。
推薦システムのための教師データにする	統計処理は目的の特定不要で利用できる ※個情法ガイドラインQ&A Q2-5（統計処理のための入力）	複製権の適用除外。※著作権法30条の4（著作物に表現された思想又は感情の享受を目的としない利用）	契約により利用許諾を得ている場合は利用できる。生成されたモデルの扱いにも注意が必要。	統計モデルの作成にあたっては不法行為を構成するリスクは小さい。
サービス内部で利用（KPIモニタリングや営業の参考にするなどの用途で社外やユーザーには直接露出しない）	利用規約やプライバシーポリシーで目的を特定する必要がある。	著作権が譲渡されているか、商用利用についての許諾が必要（公表されない資料でも業務上で作成した場合は商用利用と見なされる）。ただし営利目的でなければ許諾されている場合がある。	契約により利用許諾を得ている場合は利用可能。	秘密情報としての取り扱いが重要。
メタデータを生成（ラベルの付与）	個人データにメタデータとしてラベルを付与した場合は、そのラベルも含めて個人情報となることに注意。	複製権の適用除外。※著作権法30条の4（著作物に表現された思想又は感情の享受を目的としない利用）	契約により利用許諾を得ている場合は利用可能。	ラベルの付与自体が不法行為を構成するリスクは小さい。

8.4 データ利用基準実施手順

　「データ利用基準」では、以上の手続きで得られた権利判断マトリックスをもとにした、検討の実施手順を定めています。これは、図 8.11 に示すようなフローチャートの形式になっています。

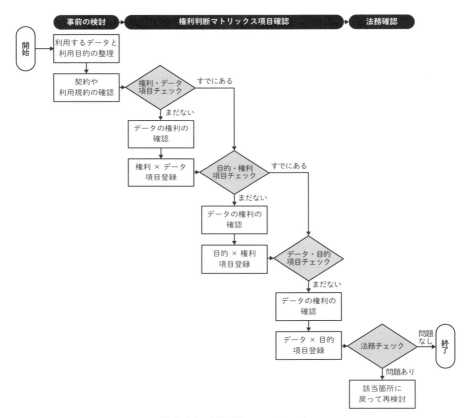

図 8.11 実施手順フローチャート

以下、それぞれの手続きについて詳述します。

8.4.1　事前の検討

「事前の検討」は、「利用するデータと利用目的の整理」と、「契約や利用規約の確認」からなります。本節の説明の前提条件とした次の2つを改めて確認する作業です。

- 活用するべきデータが過不足なく揃っている
- データの処理の目的が明らかになっている

■ 利用するデータの整理

まずは、活用するべきデータが、なにをもとにしているか確認します。これはのちほど出てくる「契約や利用規約の確認」で必要なチェック項目です。具体的には、データのもとになった企業や組織、および個人がなにかを整理します。これらの主体は、なんらかの権利を有していることがあるからです。たとえば、前述の例のアプリストアのレビューデータであれば、アプリストアの利用規約によって、レビューの著作権は投稿者に帰属していました。

次に、自社内で誰が使える状態か（どの範囲に提供されているか）、すなわちをどのようにデータが保管されていて誰がアクセス可能かを確認します。具体的には次の項目です。

- データが保管されているストレージなどを特定する
- 当該ストレージなどの管理者を特定する
- アクセス権限などを確認する
- データそのものの管理者を特定する

■ **データの利用目的の整理**

次に、利用する目的を整理します。まずはどのサービス（事業）で利用するかを確認しましょう。これも後の「契約や利用規約の確認」で必要なチェック項目です。とくに子会社やグループ会社が運営する場合に注意が必要で、それぞれのあいだでの契約を確認する必要が生じます。また、事業側の担当者がいるなら、それも特定しましょう。

さらに、アウトプットを確認します。これは、次の 3 つの類型のいずれかの分類になります。

- 直接に公開
- 間接的に公開
- 非公開

「直接に公開」は、前述の例で示したような「アプリの画面に転載する」などの場合が該当します。「間接的に公開」は、「統計処理して公開する」などの場合です。また、機械学習モデルへの入力や学習データにして、かつそのモデルの出力が公開される場合もこれに該当します。「非公開」は、内部のレポートに利用したり、それに用いる機械学習モデルの学習データにしたりする（モデルの出力も公開しない）場合が該当します。

■ **契約や利用規約の確認**

契約や利用規約の確認では、必要に応じて法務部門の助けを借りましょう。この実施手順では、最後に「法務チェック」がありますが、「最後だけで十分」という意味ではなく、「最後に必ず行うべし」という意味です。最後の最後で NG が出ると手戻りになったり、そもそも実施できなくなってしまったりします。

さて、この手続きでは、最初に利害関係者を整理します。俗に「登場人物を整理する」といわれる手続きです。「利用するデータの整理」の手続きでは、データのもとになった主体を整理しました。また、子会社やグループ会社のサービスなら、それらの事業者も利害関係者です。そして、各利害関係者間の契約関係を列挙します。事業者同士なら契約であり、片方がユーザーなら利用規約です。

8.4.2　各マトリックスの確認

さらに続く以下３つの手続きは、「権利判断マトリックス」の項でステップ１からステップ３として詳述したものなので、ここでは説明を割愛します。

- データ・権利マトリックスの確認
- 目　的・権利マトリックスの確認
- データ・目的マトリックスの確認

「事前の検討」の手続きによって、データと目的、および利害関係者間の契約が整理されていれば、第３章と第４章を参照しながら問題なく手続きを進められるはずです。なお、ここでも必要に応じて法務部門の助けを借りましょう。

8.4.3　法務チェック

この実施手順では、いずれにしても最後に法務部門のチェックを受けることを推奨しています。第３章と第４章で折に触れて述べたことですが、とくに法律の解釈は、非専門家には難しいからです。

すると「結局一から十まで法務部門が介入した」ということにもなりかねませんが、この実施手順の適用の最初の段階では止むをえないことだと考えています。それでも確認の手順を定型化しておくことに意義があります。事業担当者やデータ分析担当者が、権利判断マトリックスの枠組みを通じてデータ活用の是非を判断するときの考え方に触れることで、前述の「想定問答」で例示したようなディスコミュニケーションが解消できれば、この利用基準の最低限の目的は達成されるからです。加えて、サービス（事業）で実施するデータ活用の知見が権利判断マトリックスという形で集積されていけば、各部門の負担を極力軽減しながら、適切なデータ利用が可能になると考えています。

8.4.4　データ利用管理台帳

以上の実施手順により、データ利用について検討した結果を管理するために、**管理台帳**を作成します。筆者らでは、次のような項目で管理しています。

台　帳　　ID：	台帳のなかでユニークな通し番号
日　　　　付：	台帳に登録した日付
データ・目的ID：	データ・目的マトリックスの行 ID
利 用 サ ー ビ ス：	利用先のサービス（事業）
適　用　　先：	利用先のサービスにおける具体的な適用先
関 連 す る 契 約：	関連する契約（利用規約など）
データ格納場所：	対象となるデータの具体的な格納場所
デ ー タ 管 理 者：	格納してあるデータの管理者
法 務 担 当 者：	前述の実施手順で法務的な確認をした担当者
サービス担当者：	利用先のサービス（事業）の担当者
レビュー担当者：	データ利用基準ワーキンググループのメンバーがレビューした場合のレビュー担当者

　多くの場合、管理台帳に関係する部署は、事業を運営する部門・研究開発部門・法務部門などの複数部門にまたがっており、かつ往々にして人事異動などにより担当者が変わります。検討を行った時点での担当者を記録しておくと同時に、できれば定期的に情報をアップデートすることが望ましいでしょう。

　なお、内容の変更の有無にかかわらず、この台帳には確認のたびに、常に行を追記していくことを推奨します。「同じ案件」については「データ・目的 ID」できちんと紐づけておけば、過去の経緯や最終確認日を、統一的に記録および管理できます。

参考文献

[1]　太田満久・井上佳・今津義充・中山英樹・上総虎智・山﨑裕市・薗頭隆太・草野隆史 (2018) 『失敗しないデータ分析・AIのビジネス導入：プロジェクト進行から組織づくりまで』、森北出版。

第9章
パーソナルデータ活用の応用事例

　ここまでの章で、パーソナルデータについて法的・倫理的・技術的観点から説明を行ってきました。本章ではここまでの説明を踏まえて、企業におけるパーソナルデータ活用の応用事例を紹介します。前章で述べたとおり、パーソナルデータを実際にサービスに活かすには、データ分析の工程が必要であり、分析されるデータは種類も収集方法も多様です。ここでは、データの種別やデータの取得方法などに着目して、さまざまなパターンの事例を扱います。

9.1 【自社データの自社利用】 自社で収集したデータを情報推薦に活用する

　まずは、最も単純な、自社で取得したデータを自社で使用する事例を考えます。動画サービスにおいて「ユーザーが好みそうなサービス内コンテンツを紹介して、ユーザー体験を向上させる」という目的のために、パーソナルデータを活用します。ユーザーの視聴ログから機械学習モデルを作成し、そのモデルを利用した**アイテム推薦**を行います。表 9.1 は、利用するデータの範囲・利用目的・関連する契約や利用規約などをまとめたものです。

表 9.1　自社で収集したデータを情報推薦に活用する

利用するデータの範囲	
出所	自社動画サービス（以下サービス）
提供範囲	サービス内で閉じている
データの利用方法の整理	
対象	サービス
アウトプット類型	アイテム推薦（間接的に公開）
契約や利用規約の確認	
利害関係者	・サービスユーザー ・サービス運営会社
利害関係者間の契約	サービスユーザー↔サービス運営会社：利用規約およびプライバシーポリシー

　この事例では、動画サービスの視聴ログに基づいて、おすすめのコンテンツ（アイテム）をユーザーに提示しています。この推薦システムは、機械学習を使って、同じようなアイテムを好むユーザーを介してアイテム同士の関連性を導き出しています。この機械学習モデルの学習データとして視聴ログを使うこと自体は、統計処理として利用目的の通知や公表はとくに必要のない状況です。

　しかしこのサービスでは、学習モデルを用いて個人に対してアイテム推薦を行っています。つまり、学習モデルに対する入力として個人情報を利用している状況なので、利用目的の通知と公表をするのが望ましいでしょう。もっとも、自分に対してのみアイテム推薦の結果が示されるかぎりにおいては、ユーザーが自然と予期する範囲内ではあります。

9.2 【グループ会社データの自社利用】 ユーザーの行動ログなどを用いて論文を書く

　新しい未来のテレビ ABEMA は、テレビに似たユーザー体験をもつサービスで、チャンネルを順番に変更していくことで視聴するチャンネルを選択できます。このとき、ニュースを見るつもりがなかったとしても、ニュース画面が目に入ることがあります。このような「意図しないニュースへの接触」のことを**偶発的接触**と呼び、ニュースを見ない人にニュース情報を与えることができる手段であることが知られています。この節は、ABEMA のチャンネル変更行動における「ニュース画面のチラ見」を偶発的接触と考えて、その効果を検証して「インターネットテレビにおけるニュースへの偶発的接触が政治関心とニュース知識に与える影響」という論文を作成した事例に基づいて、グループ会社データの自社利用について説明します。

表 9.2　ユーザーの行動ログなどを用いて論文を書く

利用するデータの範囲	
出所	・子会社が運営する動画サービス（以下サービス） ・アンケート調査会社（以下調査会社）
提供範囲	・自社（親会社）：間接的に公開 ・サービス運営会社（子会社）：非公開
データの利用方法の整理	
対象	・論文の投稿先 ・サービス運営
アウトプット類型	・論文（間接的に公開） ・調査レポート（非公開）
契約や利用規約の確認	
利害関係者	・サービス運営会社（子会社） ・自社（親会社） ・調査会社 ・サービスユーザー ・調査会社のモニター
利害関係者間の契約	・サービス運営会社（子会社）→自社（親会社）：業務委託契約 ・自社（親会社）→調査会社：業務委託契約 ・サービス運営会社（子会社）↔サービスユーザー：利用規約およびプライバシーポリシー

　この事例は「子会社が運営するサービスから得られるユーザーの行動ログを、親会社の研究開発組織が利用する」というパターンです。ABEMA はユーザー登録を伴わない利用が可能なので、ABEMA のユーザーデータから必ずしも特定の個人を識別することはできませんが、場合によってはメールアドレスなどが紐づいていることもあります。そのため、原則的に個人データとしてユーザーデータを取り扱います。

　さて、たとえグループ会社間であっても、共同利用や委託の関係がなければ、そのあいだの個人データのやりとりは第三者提供にあたります。たとえば、ユーザーデータの分析を、子会社から親会社の研究開発組織に委託する形で実施するといったことが必要です。このような利用について表 9.2 にまとめました。

　このユースケースでは、親会社の研究開発組織から、さらに調査会社にアンケート調査を委託しています。そして委託先である調査会社において、サービス側がもつ広告 ID と調査会社がもつ広告 ID との突合が行われ、調査会社のモニターのなかからサービスを利用しているユーザーが抽出され、本人に対するアンケートへの協力依頼の連絡が行われます。このようにしてアンケート調査を実施する場合があることは、サービスの利用規約に記載されています。

　なお、このときやりとりされる広告 ID は、令和 2 年改正個人情報保護法で新設された「個人関連情報」にあたります。サービス運営会社および研究開発組織においては個人情報でなくとも、委託先の調査会社で個人情報と突合されるからです。このような場合、委託元は委託先に対して、提供した個人関連情報がこのように利用がされることに**同意しているか確認する義務**が生じます。

　この同意について、個人情報保護委員会による資料[*1]では、「原則的には委託先で取得していることが必要だ」という考えが示されています。個人関連情報が個人情報として取得されるのは、提供先においてだからです。そのうえで、提供元がこの同意取得を代行することもできるとされています。

　なお、この事例では、調査研究を目的としてアンケートを実施しています。そのため、このようにして収集したアンケート結果の回答を、研究開発組織からサービス運営会社が受領して、ユーザー情報との連結を行うことはできません。

＊1　https://www.ppc.go.jp/files/pdf/210407_kojinkannren.pdf

9.3 【自社データの外部利用】 コミュニケーションデータから違反行為の予兆を発見する

　SNS に起因する誘い出しなどの未成年被害者は、年々増加しています。そのため、多くの SNS では次のような対策を行っています。

- 利用規約において連絡先の交換などを禁止する
- 啓発コンテンツを用意する
- 規約に沿って投稿メッセージを監視し、必要な場合は削除・アカウント凍結などの対応を行う

　一方で、これらの対策だけでは課題が残ります。規約違反でなくともリスクの高い行動はたくさんあります。たとえば、児童の扱いに長けた性的加害者は、巧妙に児童の信頼を得る・自分に頼らざるを得ない状況を時間をかけて作っていきます。そのときだけ見ると、他愛もない、単に少しラフなだけのコミュニケーションに見えることがほとんどですが、それも性的加害者の戦略の一部といわれています。そのようなコミュニケーションは、規約違反とみなして対応することができません。そこで、本プロジェクトでは「規約違反だけでなく"危なっかしい行動"を発見し、その行動に対してユーザーに誘い出しリスクの啓発を行う」というアプローチを取りました。

　アバターコミュニケーションアプリ「ピグパーティ」は、SNS に分類されるスマートフォンアプリです。SNS によって現実の世界と同様、あるいはそれ以上にさまざまな場面や形で友人と交流したり、自由な表現活動やコミュニケーションを楽しんだりできるようになりました。その一方で、面識のない他人同士の接触が容易になったという側面もあり、さらに SNS を含む **CGM**（Consumer Generated Media）の利用が青少年のなかで拡大しています。

　こうした背景を踏まえて、総務省は「利用者視点を踏まえた ICT サービスに係る諸問題に関する研究会第二次提言（2010 年 5 月）」で、利用者の年齢に応じたリスク低減に向け利用可能な範囲の制限や内容確認について、通信の秘密や個人情報保護との関係を示しました。ピグパーティでは、この提言を根拠にして、利用者から得た有効な同意のもとに、事前もしくは事後のメッセージの監視を行っており、サービス内での行動ログと合わせて個人データとして蓄積しています。

表 9.3　コミュニケーションデータから違反行為の予兆を発見する

利用するデータの範囲	
出所	自社SNSサービス（以下サービス）
データの内容	・行動ログ、コミュニケーションログ（通信の秘密に関するデータ） ・チャット、ダイレクトメッセージ（DM）、コミュニティの投稿ログ（テキストは含まない、タイムスタンプと送信相手は含む） ・その他、さまざまな行動ログ ・監視ツールによる違反判定ログ
提供範囲	外部研究機関
データの利用方法の整理	
対象	サービス
アウトプット類型	各ユーザーの違反・被違反リスクの推定スコア（間接的に公開）
契約や利用規約の確認	
利害関係者	・サービスユーザー ・自社（サービス運営・監視ツール運営チーム・研究部門） ・外部研究機関
利害関係者間の契約	・自社（研究部門）↔外部研究機関：共同研究契約 ・サービスユーザー↔自社（サービス運営）：利用規約およびプライバシーポリシー

　ここまでを前提として、サービスの健全化（とくに児童被害の防止）のための研究開発の実施を適切に行うには、どうすればよいか整理したものを表 9.3 に示します。ここでは、不審アカウント検出などのためのアルゴリズム開発について考えます。

　そもそも研究開発目的での利用について、ユーザーに対してどのような説明がされているのでしょうか。ピグパーティにおける個別の同意取得時の利用目的の説明を確認すると、次のようになっています。

　みなさまの安全なご利用を守る目的で、会話の内容を確認する場合があります。法令または利用規約に違反しているものを発見した場合、サービスの利用停止等の対応を行います。

　このように、会話の内容の確認を行う目的について、明示的に研究開発は含んでいません。したがって、この説明のみでは、研究開発目的ではメッセージの内容を閲覧できないことになります。

　ただし第4章で述べたとおり、正当業務行為として認められる状況であれば、平時から統計情報を作成しておくことについて違法性が阻却されます。機械学習などの処理を行う場合は、上述の目的で行っている業務のなかで、ラベルづけなどの処理を行ったものについて、さらに個別の通信との関連性がない形に統計処理することにより目的を達成するならば、通信の秘密を侵害しない形での利用が可能です。

　なお、法令や利用規約に違反しているものを発見する目的でメッセージの監視とラベリングを平時から行っており、これは個別の同意取得時にユーザーに対して説明しているとおりです。そして日ごろのサービスの運営を通じて、法令や利用規約に違反する行為が行われる前に、サービス内でその予兆となる特徴的な行動が現れることがあると経験的にわかっていました。それを機械学習などの処理によって定量的に見出して、各ユーザーの違反、もしくは被違反リスクとして算出するアルゴリズムを実現することが、この事例におけるデータ活用になります。

　さらにこの事例では、アルゴリズム開発を学術研究機関と連携しながら進めています。共同利用や委託でない場合は、第三者提供となって、オプトアウトや同意の取得が必要です。この事例では、事前に結んでいた共同研究契約のもとで、研究室にアルゴリズム開発を委託しています。

　最後に、こうして開発されたアルゴリズムを事業に導入するうえでの留意点について検討しましょう。第3章で述べたように、アルゴリズムの開発は統計処理ですが、開発したアルゴリズムで算出したスコアを個人に紐づけると、これは個人情報となります。したがって、その取り扱いについては利用規約やプライバシーポリシーに明記する必要があるでしょう。

　また、このような手段でのリスクの算出は、プロファイリングにほかなりません。GDPRには、プロファイリング規制として、自動処理のみに基づく決定に服さない権利や異議を申し立てる権利についての取り決めがあります。そのことを考えると、サービスへの導入にあたってユーザーへの対処を自動的に行うことについては、慎重に進めなければならないでしょう。とくに、ユーザーに対してなんらかの制限を課す場合は、必ず人が介在するなどの配慮が必要です。

9.4 【外部サービスによる自社データ取得】アンケートと行動ログを合わせて活用する

　ピグパーティでは、ユーザーは仮想世界の自分自身を表すアバターを自身で作成し、その世界で社会生活を営みます。仮想世界のアバターと本人の関係性（**Avatar Identification**）は仮想世界での振る舞いに影響を与えること、そしてAvatar Identification はアバターをカスタマイズすることで高くなることが知られています。本プロジェクトでは、ユーザーのどのようなカスタマイズが Avatar Identification を高め、それがどのように振る舞いに影響を与えるかを知ることを目的として、アンケート調査と行動ログを結合しデータ分析を行いました。また、そこで得た知見をもとに、ピグパーティの機能やキャンペーンを提案しました。

表 9.4 アンケートと行動ログを合わせて活用する

利用するデータの範囲	
出所とデータの内容	・自社SNSサービス（以下サービス）：ユーザーの行動ログ（コミュニケーションなど仮想世界での振る舞いを表すデータ）、ユーザーのアバターカスタマイズログ ・アンケートプラットフォーム運営会社（以下アンケート会社）：アンケートデータ（運営からお知らせという形でユーザーにアンケートの回答を依頼、インセンティブ有り）
提供範囲	自社（研究部門）
データの利用方法の整理	
対象	・論文の投稿先 ・自社（サービス運営）
アウトプット類型	・学術論文（間接的に公開） ・施策の提案資料（非公開）
契約や利用規約の確認	
利害関係者	・サービスユーザー ・自社（サービス運営、研究部門） ・アンケート運営会社
利害関係者間の契約	・サービスユーザー↔自社（サービス運営）：利用規約およびプライバシーポリシー ・サービスユーザー↔自社（研究部門）：アンケート実施時の説明と同意文 ・自社（研究部門）↔アンケート会社：利用規約およびプライバシーポリシー ・アンケート会社↔サービスユーザー：利用規約およびプライバシーポリシー

　このような場合のデータ活用について表 9.4 にまとめました。前節の事例では、サービス内のメッセージと行動ログを対象にした分析を実施していました。これはデータの取得から分析まで、すべての工程がサービス内で閉じています。一方こちらの事例は、アンケートの実施によってサービス外を出所とするデータを取得して、サービス内のデータと合わせて活用しています。

　この事例では、外部のアンケートプラットフォームを活用しています。このプラットフォームでは、回答者がユーザー登録する必要はありませんが、Cookieを使ってデバイスを識別して重複回答を防ぐ処理などを行っています。しかしCookie を削除すれば重複回答ができ、それを防ぐことはできません。ただしこの調査では、サービス内で通用するポイントの付与と、サービス上の行動ログとアンケートの回答とを紐づける目的で、スマートフォンアプリで確認できるピグパーティ上のユーザー ID を入力してもらっています（このユーザー ID は、アンケートプラットフォームにとっては意味がない文字列です）。重複回答についても、このユーザー ID によって確認することができます。また、この調査は分析結果をサービスの施策に活かすとともに、学術論文として公刊することを前提として行われました。研究倫理の観点から、法律上は問題がなくても**インフォームド・コンセント**（説明と同意）の原則のもとで実施される必要があるので、アンケート実施時にプロジェクトの目的と利用の仕方、行動ログと結合することを説明したうえで、同意を得ています。

9.5 【自社データの外部利用】アンケート調査結果と行動ログを用いて共同研究を行う

　オンラインコミュニケーションは、ユーザーの精神的健康に影響を与えます。したがって、適切にコミュニケーションを促すことで、ユーザーの精神的健康を促すことができるはずです。本プロジェクトでは、ピグパーティでの振る舞いがユーザーのメンタルヘルスに与える影響について調査するために、アンケート調査と行動ログを組み合わせてデータ分析を行いました。そこで得た知見をもとに、ピグパーティの機能やキャンペーンを提案しました。この事例では、アンケート調査設計とデータ分析を、サイバーエージェントと徳島大学 横谷謙次准教授の共同研究として行いました。

表 9.5　アンケート調査結果と行動ログを用いて共同研究を行う

利用するデータの範囲	
出所	・自社SNSサービス（以下サービス） ・アンケートプラットフォーム運営会社（以下アンケート会社）
提供範囲	・自社 ・外部研究機関
データの利用方法の整理	
対象	・サービス
アウトプット類型	・施策の提案資料（非公開） ・学術論文（間接的に公開）
契約や利用規約の確認	
利害関係者	・サービスユーザー ・自社（サービス運営、研究部門） ・外部研究機関 ・アンケート会社
利害関係者間の契約	・サービスユーザー↔自社（サービス運営）：利用規約およびプライバシーポリシー ・サービスユーザー↔自社（研究部門）：アンケート実施時の説明と同意文 ・サービスユーザー↔アンケート会社：利用規約およびプライバシーポリシー ・自社↔外部研究機関：共同研究契約 ・自社↔アンケート会社：利用規約およびプライバシーポリシー

　このような場合のデータ活用について表 9.5 にまとめました。この事例では、さきほどの例と同様の手続きでアンケートを実施し、サービス上の行動ログと紐づけて分析しています。外部の学術研究機関との共同研究として、その研究機関の倫理審査を受けたうえで実施されました。また、アンケート実施にあたって、プロジェクトの目的と利用するデータの種類を明示したうえで同意を取っています。これは研究倫理におけるインフォームド・コンセントであると同時に、運営会社から研究機関への行動ログの第三者提供についても同意を得る手続きです。

　なお、このような調査で収集したデータを運営部門が直接的に活用することは、予期されない場合もあります。たとえば「アンケートの回答からユーザーが置かれている状態を推定して、ターゲティング広告を出す」などの用途です。利用目的として公表や通知をすれば問題ない状況ですが、そのような利用目的が示されることにより、アンケートへの協力をためらうユーザーがいるであろうことが想定されました。そのため、この事例では、そのような個人に紐づけたうえでの利用は行わないことを説明と同意文に明示して、アンケートへの協力を募りま

した。ここで、サービスの運営部門と調査分析を行う研究開発部門とが、それぞれ独立していることもポイントになります。

　運営部門がアンケート結果を直接個人に紐づけたデータを利用することはありませんが、研究開発部門が統計処理した結果のレポートを運営部門が施策に役立てることはあります。この利用目的を示すことについては、必ずしも法の要請があるわけではありません。しかしながら、データが利用される範囲が協力者にとって明確になるという効果を考えると、説明したうえで同意を取るのが望ましいでしょう。

9.6 【自社データの外部利用】ハッカソンの課題としてパーソナルデータを利用する

　数日間程度の短い期間でプログラムを作成したり、データ分析を実施したりして、技術を競うイベントのことを**ハッカソン**といいます。とくに、企業の採用活動において行われるハッカソンでは、実務に近い形の課題が設定されます。採用企業にとっては候補者の実務的能力を見極めることができ、候補者にとっては業務の一端に触れることができるイベントとして、互いに有益なものです。

　本節で述べる事例は、Web 企業がデータ分析業務に携わる人材を募集する目的で行うデータ分析ハッカソンで、自社の Web 上のサービスのパーソナルデータを課題の対象として利用することについて検討したものです（表 9.6）。コロナウイルスの世界的な流行により実現には至りませんでしたが、一例として紹介します。

　企業の採用活動として行われるデータ分析ハッカソンの課題の対象としてパーソナルデータを利用するには、どのような配慮が必要でしょうか。

　データの利用目的は「採用活動のため」ですが、このような場合で事前に利用目的の通知や公表が行われていることはまずありません。事前に統計処理した結果を用いるならば問題ないのですが、参加者の実務的能力を見極めるという目的に照らし合わせると、統計処理した結果をデータ分析の課題の対象とするのはあまり意味がありません。したがって、極力「生データ」に近い形で利用したいところです。

表 9.6 ハッカソンの課題としてパーソナルデータを利用する

利用するデータの範囲	
出所	自社サービス
提供範囲	ハッカソン参加者
データの利用方法の整理	
対象	・人事、採用部門 ・自社サービス
アウトプット類型	ハッカソンの成果物：非公開、もしくは間接的に公開
契約や利用規約の確認	
利害関係者	・自社サービスユーザー ・自社（人事採用部門、研究開発部門）
利害関係者間の契約	・自社サービスユーザー↔自社：自社サービス利用規約およびプライバシーポリシー ・ハッカソン参加者↔自社：ハッカソン参加同意書、ハッカソン終了後の確認書

　最初に考えられる例として、「主催者から参加者に対する委託」とすることが挙げられます。この場合、事前に主催者によって通知か公表が行われている利用目的の範囲を、課題の内容とすることになるでしょう。しかし参加者からすると、あくまで主催者の企業の業務内容の一端を垣間見るために参加するのであり、また対価を得られるわけでもないのに、参加することで業務を受託したことになるというのも妙な話です。また、本来の目的はやはり「採用活動のため」なのですから、表面的に委託の枠組みで実施することについての正当性も問題になる可能性があります。

　このような場合は、**匿名加工情報**とするのが妥当でしょう。この事例では、課題を監修する研究開発部門が匿名加工を担当しています。これにより個人情報として取り扱う必要はなくなるのですが、匿名加工情報についても、たとえば再識別の禁止などの義務は残ります。これについては、採用企業と参加者間で取り交わす「ハッカソン参加同意書」で示すことにしました。

　また、個人情報としては問題なくとも、企業としては社外に極力知られたくない経営指標が算出されてしまうリスクが残ります。これについては、課題として提供するデータなどの一切を秘密情報として、守秘義務契約を結ぶことで対処することにしました。

　なお、このような事例では、副次的な問題がもう 1 つあります。この課題を実施することによって得られる成果物は、一体誰のものなのか、ということです。

データ分析ハッカソンではあまり考えられない事態かもしれませんが、知的財産とするべき画期的なアルゴリズムや分析方法が提案されることもありえます。とくに参加者は大学などの所属機関でデータ分析技術を研究対象としているでしょうから、所属機関が知的財産権を有する手法が応用された成果物が得られる場合も考えられます。これについては事前の判断が難しいことから、「ハッカソン終了後の確認書」で、事後に参加者の意思表示を得ることにしました。

9.7 【外部データの自社利用】 投稿コンテンツから特定商品への言及を抽出してレポートする

CGM サービスにはさまざまなテキストが投稿されており、それらのうち特定の商品への言及があるものを抽出することで、市場における評価や評判を知ることができます。CGM サービスを自社が運営している場合は、利用規約などで目的を公表することで、そのような利用を問題なく行えます。しかし他社が運営している場合は、他社とユーザーと自社、三者それぞれのあいだの関係について検討する必要があります（表 9.7）。

表 9.7　投稿コンテンツから特定商品への言及を抽出してレポートする

利用するデータの範囲	
出所	CGMサービス
提供範囲	一般公開
データの利用方法の整理	
対象	マーケティング調査一般
アウトプット類型	・社内レポート（非公開） ・社外レポート（間接的に公開）
契約や利用規約の確認	
利害関係者	・自社 ・CGMサービス ・CGMサービスのユーザー
利害関係者間の契約	・CGMサービスのユーザー↔CGMサービス：利用規約およびプライバシーポリシー ・自社CGMサービス：CGMサービスのAPI利用規約

　CGM に投稿されているコメントなどを収集して、役立てることを考えましょう。たとえば「特定の商品に言及しているコメントを集めてレポートを作る」などの場合です。レポートを見せる範囲が社内限定なら、あまり細かいことを気にしなくてもよい気がしますが、自社以外に見せたり公開したりすることが可能なのか、可能だとしてどこまでできるのか検討してみましょう。

　コメントは CGM のユーザーが投稿したもので、それをその CGM 経由で自社が使います。すると、図 9.1 のような関係、つまり、ユーザーと CGM サービス（他社）、CGM サービスと自社とが、それぞれ利用規約のもとに契約を結んでいる状態になります。

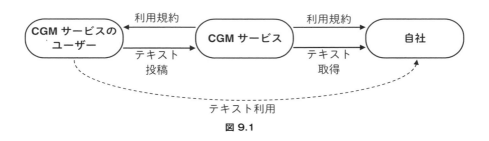

図 9.1

　ここで、ユーザーと呼んでいるのは、他社の CGM サービスのユーザーです。ユーザーと自社とのあいだに明示的な契約関係はありませんが、投稿された内容を利用する場合は、ユーザーの著作物を自社が利用するという関係になります。すると、他社 CGM サービスのユーザーの許諾を得ないといけないことになりますが、個別に利用許諾を得るのは現実的でないので、許諾が不要な利用の態様に限定されます。

　もっとも、ユーザーが著作権を CGM サービスに譲渡する規約になっている可能性もあります。その場合は、CGM サービスの会社と自社とのあいだの話になります。そもそもコメントが著作物といえるか、などの問題もあります。そのあたりを順に見ていきましょう。

　まず、CGM の利用規約を見て、ユーザーが投稿したコメントがどういう扱いになるかを確認します。ここでは、参考文献『よい Web サービスを支える「利用規約」の作り方（2014 年、技術評論社）』で例として挙げられているパターン（p.185）に該当する状況を考えましょう。これによると、利用規約にとくに記さ

ないかぎり、投稿されたコンテンツの著作権はユーザーにあります。サービス事業者は、利用規約によってユーザーから許諾を得て利用することにしているのが一般的です。前述したように譲渡する規約になっている可能性もあるのですが、たとえば「コンテンツをまとめて出版する」などの利用においてもユーザーの権利が及ばない状況は受け入れられないことがあるので、許諾を得て実施されることが多いようです。

さらに、ユーザー間のシェア機能などが実装されている場合に必要になる許諾として、先の参考文献では「Web サービス事業者から他ユーザーへの再許諾」という構成となると説明されています。

結局、著作権はコンテンツを投稿したユーザーにあるというパターンが多いようです。つまり、CGM サービスはユーザーから許諾を得てコンテンツを使っていて、著作権の譲渡は受けていない、というパターンです。ユーザー間のシェア機能を用いてほかのユーザーがコンテンツを共有する場合は、サービス事業者からほかのユーザーに対して再許諾をすることが可能な規約にされています。この再許諾は無制限に行われるのではなく、たとえば「本サービスの機能によってのみ可能な方法で」などの制約がある場合が考えられます。

次に、CGM サービスと自社とのあいだについて考えましょう。API 経由でのコメントの取得については許諾が得られていますが、その利用については「（動画の再生や埋め込みなど）本サービスの機能によってのみ可能な方法」の範囲までしか許諾されていない、という状況になります。以上を踏まえて、どのような利用が可能か検討してみましょう。

まず、コメントを集めてレポートを作ることは、当該サービスの機能としてWeb ページへの埋め込みが可能な場合に、それで実現するなら問題ありません。ただし「一旦自社のストレージに保存して、適宜読み出してレポートに貼り込む」などは許諾の対象外で、複製権の侵害になると考えられます。自社で活用するためだけであっても、私的複製とはなりません。ただし、引用の要件を満たせば許諾なしで利用できます（著作権法第 32 条）。分析したり集計したり機械学習のための入力データにするのは、いずれも原則的には問題ありません（著作権法第 30 条の 4）。詳しくは第 4 章を参照してください。

ところで、当該 CGM サービスが海外のサービスであったり、コンテンツを投稿したユーザーが海外のユーザーであったりする場合はどうなるでしょうか。日

本の著作権法の話でよいのでしょうか？

　一般に、準拠法はサービスを運営している企業の所在地の法律で、紛争が起きた場合もその国の裁判所で解決されることになっています。このような場合に、逆に「日本の国内法は適用されないのか」というとそうではなく、利用する国の適用法に違反していることが不正として利用規約に明記されていることが多く、国内法の法令違反があると規約違反にもなります。

　もっとも、ユーザーのコメントを自社が利用することについては、なにかあったとしてもそのユーザーと自社とのあいだの問題で、CGM サービス事業者は当事者になりません。前述のとおり、サービス事業者もユーザーが投稿したコンテンツについては、ユーザーから非独占的な許諾を得ているに過ぎないからです。もちろん、当該サービス事業者が独占的な許諾を得ていたり、権利を譲渡されていたりすると話が変わってきます。

　したがって、コンテンツ投稿者と自社とのあいだの問題になるのですが、その場合どうなるかというと、著作物を利用した側の法律が準拠法になります。自社が日本で事業を行っていれば、日本の著作権法が適用になるでしょう。もっとも、著作権については**ベルヌ条約**があって、条約を締結している国のあいだで法が矛盾していることはないでしょう。

　ところで、そもそもコメントが著作物かという論点もありました。この論点については、個別の判断となります。第 4 章で述べたように、著作物の定義は「思想又は感情を創作的に表現したものであつて、文芸、学術、美術又は音楽の範囲に属するものをいう」となっています。たとえば「ウケる www」だけでは著作物にならないでしょう。長さで決まるわけではなく、短かったとしても、たとえば俳句は著作物となります。自動処理する場合は個別に判断できないでしょうから、すべて著作物として扱っておくのが無難ではないでしょうか。

　著作物としては認められなくても無断利用が不法行為として認められた例があるのは、第 4 章で新聞記事の見出しについて述べたとおりです。もっとも、第 4 章で述べた場合では、見出しがもともと有料で取引されていた実績と、それと競合するサービスを被告が提供していたことから、不法行為を構成するとみなされたようです。コメントについていえば、そもそも公開されているものなので、著作権などの排他的な権利がなければ、原則的には自由に利用できるということが上述の事件の判決で述べられています。

第10章
パーソナルデータがもたらす副作用

　本書では、ここまででパーソナルデータを適切に扱うために考えるべき点について、法律的・倫理的・実務的な面から説明してきました。ところが、いくら気をつけて適正にデータを取り扱いサービスを提供していても、ユーザーや社会に思わぬ副作用を与えてしまうことがあります。最後となる本章では、パーソナルデータを使ったシステムや意思決定によって生まれてしまった副作用について紹介します。

　このような意図せず発生する副作用は多岐にわたり、また誰も気づいていないもの、まだ発生していないものも多く存在するでしょう。それゆえに網羅すること・体系的に扱うことは現段階では難しいため、ここではおもに学術研究によって調査された事例について、問題ごとにまとめて紹介します。

10.1　社会の偏りの増大

　本節で紹介する副作用は、「利用者や社会をより偏らせてしまう」力です。この副作用の困難なところは、副作用が生成されるメカニズムにあります。図 10.1 に生成メカニズムの模式図を示します。

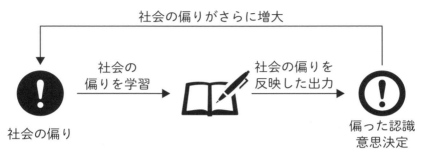

図 10.1　社会の偏りを増幅するフィードバック構造

　私たちが生きているこの社会には、そもそもさまざまな偏りが存在します。そのような社会のデータを用いてなにかしらのサービスを提供する・意思決定支援をするシステムは、社会の偏りを内部に取り込むことになります。その結果、そのシステムの出力は、とくに対策を講じなければ、その偏りに沿った偏りを生み出してしまいます。その偏った出力は、利用者などの人々に影響を与え、社会の偏りはさらに強化されることになります。

　また、データを活用するためには、データを観測する必要があります。その際に、完全に社会と一致した分布で観測することは不可能であるため、なんらかの**観測バイアス**が生じてしまいます。たとえば、アンケート調査を年齢性別を国全体の分布と揃えたとしても「調査に協力する・調査会社に登録している」などの観測バイアスが発生しますし、なにかしらのサービスの利用者の行動データを用いるのであれば「そのサービスを利用している」という観測バイアスが発生します。

10.2 統計的差別

　前節で述べた偏りの増大は、なにをもらたすのでしょうか？ 古くからある大きな問題として、**統計的差別**というものがあります。

　統計的差別とは、「統計的に合理的な判断をしたつもりが、結果として差別になってしまう」というものです [1]。たとえば、ある会社が採用試験をする際に、応募者の能力を完全に評価することは不可能です。したがって、使用できる属性情報（年齢・性別・学歴・出身地・人種など）を使って統計的に能力を評価したとしましょう。その結果、特定の属性の人が採用されづらくなることが予想されます。すなわち、会社が統計的に判断しようとした結果、差別的な採用方針になってしまったということです。統計的差別のほかの例としては、特定の人種・性別・職業・趣味・その他属性の人が、解雇されやすい、ローン貸付がされにくい、職務質問されやすい、などが挙げられます。

　このような属性情報を使った統計的な判断は、たいていは社会の偏りを反映しています。たとえば「日本における男女の採用や賃金に関わる差異は、子育てや家事がおもに女性に偏りがちであるという社会の偏りに基づく統計的差別に起因する」[2] などです。現在の日本で長くフルタイムで勤めてもらえそうな人を採用しようとすると、この社会的な偏りによって、女性が敬遠されやすくなってしまうでしょう。

　また、ある地域や人種が差別されていると、彼らは経済的・社会的に困難な状況に置かれやすく、その犯罪率が高くなりがちです。これらは偏りに基づいて偏りを促進するような判断を促すフィードバック構造になっている [1] ため、現状の偏りに基づかない適正な判断が必要とされます。社会的にも「女性の仕事の能力や、男性の子育てや家事能力を十分に活かせない、機会を奪う [2]」「差別によって困難な状況に置かれている特定属性の状況を固定化し、彼らの犯罪率がより高くなる」など大きな損失を生み出してしまいます。

　このような統計的差別は、大規模なパーソナルデータを使った人工知能システムにおいても同様に発生します。Amazon は AI による求職者審査の社内プロジェクトを進めていましたが、一貫して女性を低く評価する傾向が発覚したため、プロジェクトの中断を決めました [3]。前述の古くからの問題点に加え、「データとしくみの複雑さに起因するブラックボックス化によって、問題により

気づきにくい」「精度が高いため利用者（たとえば採用担当者）が合理性を主張できてしまう」といった問題も発生します [4]。

　データを活用することで、もとからあった偏りをさらに増幅してしまうこともあります。ユーザーがコンテンツを利用し、その利用データからユーザーに対してコンテンツのランキングや推薦結果が表示されるような場合（たとえば写真・動画共有サービスの Instagram）を考えます。コロンビア大学のストイカらは、数理モデルを用いて、初期のランキングに属性の偏りがあるとその偏りは継続され、推薦システムがある場合はさらにその偏りが増幅されることを理論的に示しました [5]。さらに、そのモデルに対して、Instagram とコンピューターサイエンスの文献サイト DBLP のデータを用いて、その 2 つのサービスでは「推薦システムによって推薦される回数のランキングを作ってみると上位層では女性の割合が極端に少ない」という現象が説明されました。

　また、個人に関するさまざまなデータが利用可能になったことで、統計的差別はより多くの場面で発生することになりました。米国では、住宅や求人、信用貸しで人を差別する広告を出すことを禁じています。しかし、Facebook のターゲット広告には、ユーザーの属性情報を用いて広告を配信するしくみによってそれが可能になってしまいました [6]*1。当時の Facebook のターゲット広告では、居住地域の郵便番号を指定することができました。居住地域は収入や資産と関係があるため、意図的に貧困層には広告を出さない、ということができたのです。

10.3　情報接触の偏り

　インターネットの普及は、私たちが接触できる情報源を爆発的に増加させました。それによって私たちは、それまでおもな情報源であったマスメディアだけでなく、当事者や専門家などさまざまな視点・事象・背景の情報にアクセス可能になりました。一方で情報の量は膨大になり、質の低い情報にもうっかりアクセスできてしまいます。すなわち、物事を正確に把握し意思決定する、たとえば選挙の投票先を決めるためには、私たちは膨大な玉石混交の情報を精査しなければなりません。これを日常のさまざまな事柄について実施するのは、人間にはほとん

---

*1　現在は、その機能は廃止されています。

ど不可能だと思われます。

　このような問題において人間をサポートしてくれるのが、検索や推薦などの情報技術です。検索エンジンは、膨大な情報のなかから、キーワードなどのユーザーの入力に合致する情報を探し出してくれるサービスです。とはいえ、多くの場合、キーワードに関連する情報は人の目で見切れるものではない[*2]ので、ユーザーの画面には情報の質（を間接的に表す考えられる指標）などに基づいて並べ替えられたものが表示されます。推薦システムは、ユーザーのこれまでの入力や利用の履歴に基づいて、彼らが利用しそうな情報を提示するシステムです。このような技術を用いたシステムは生活に不可欠なものになっており、たとえば検索エンジンを使わずに情報を探すことは多大な時間と手間をかけることになりますし、推薦システムの推薦結果は、EC サイト・ニュースサイト・文字入力の変換候補・インターネット広告など、至るところで目にします。

　これらは便利な反面、多くの人々の情報接触行動に思わぬ副作用を与えることが指摘されています。たとえば非常に多くの人が利用する検索エンジン Google では、利便性向上のためにさまざまなパーソナライズが実装されています。検索画面には検索キーワードに関連する Web サイトが順に並ぶだけでなく、関連ニュースや関連人物の Wikipedia の内容などのコンポーネントが表示されることがあります。これらのコンポーネントはパーソナライズされており、人によって表示されるものがやや異なります。スタンフォード大学のロバートソンら [7] は、政治に関するキーワードによる検索結果画面が、利用者の政治的な態度などによって異なることを示しました。さらに、検索キーワードのオートコンプリート機能[*3]のパーソナライズによって、検索画面の偏りが増幅されていることを示しました。

　また、Google の検索エンジンの結果画面における「検索キーワードを含む各 Web サイトのコンテンツの切り出し（**スニペット**）」は、その Web サイト本文よりも党派性が強調されやすい [8] ことや、Google News の検索結果はパーソナラ

---

*2　たとえば「プライバシー」と Google で検索すると、20 億件の Web サイトがヒットしました（2022 年 6 月時点）。

*3　Google のテキストボックスになにか文字を入力すると、検索キーワードが提示されるというものです。たとえば、「tr」と入力すると「trump」が提案されたり、「trump」と入力すると「trump twitter」が提案されます。

イズされており、それが利用者の党派性を強化すること [9] などが確認されています。

このような検索エンジンの結果は、投票先が決まっていない有権者の投票先に影響を与え、それが選挙の結果にまで影響を与える [10] ため、重大な問題です。また、検索結果が故意に操作されたとしても利用者がそれに気づくのは難しく [10]、自然発生的に生じてしまった偏りにも同様のことがいえると考えられます。

このような「検索結果の順位の偏り」については、利用者に詳細な説明をすることが有効 [11] です。説明を受けることによって、利用者の選好は検索エンジンの結果の偏りの影響を受けにくくなるからです。したがって情報を提示した結果、利用者の好みに影響を与え、それが利用者個人や社会的に問題のある影響を与える可能性がある場合、その説明を利用者に提供し、かつ検証を繰り返し改善していくことが有効な問題緩和手段となるでしょう。

10.4 社会関係の偏り

インターネットが選択肢を増やしたのは、情報源だけではありません。社会関係もその 1 つだといえます。ソーシャルメディアや SNS は、社会関係を構築するうえでの物理的・時間的・心理的な制約を大きく緩和しました。オンラインのテキストのやりとりは直接対面する必要がなく、非同期でも可能なため、物理的・時間的な面で手軽になりました。また「友だちになる」ことは両者の合意が必要ですが、Twitter などのソーシャルメディアは一方的にフォローするという形をとるため、心理的にも手軽です。もちろん従来のような直接会う関係性も多く存在しますが、「どんな人がどんなことに対してどのように考えているか？」「どんな振る舞いをしているか？」といったことを考える際の対象の選択肢は、これらのサービスの登場によって大きく増加しました。

これは前節と同様に、人々の社会的接触行動に副作用を与えました。人は自分と似た環境・属性・考え方の人とつながりやすく [12]、ソーシャルメディアにおいてもそれは同様です [13]。さらに、多くのソーシャルメディアには「フォローすること・友達になること」をすすめる**推薦**という機能があります。この推薦は「フォローしそうな・友だちになりやすい人」を行動履歴やネットワーク情報な

どから分析して提示するため、同質性が高い人が提示されやすく [14]、この傾向をさらに強くするでしょう。

このような人の同質性を好む性質によって、ソーシャルメディア利用者の社会ネットワークは大きく偏ることになります。これは、たとえば政治コミュニケーションにおいて大きな問題になります。政治的な意見が近い人同士ばかりがつながるため、ソーシャルメディアでは利用者は自分自身と似た意見を頻繁に見ることになり、反対意見を目にする機会がなくなってしまいます [15, 16, 17]。すなわち、社会が分断化してしまうのです。

社会的分断が進んだ状態では、意見を表明するとそれを見るのは似た意見・立場の人々であり、反応は賛意が多くなります。また、自分自身が目にする意見も自分の意見と似たものになるでしょう。その結果、相互にポジティブフィードバックを起こし意見が増幅・強化され、より極端・過激な意見を表明するようになり、さらに分断が進んでしまいます。このような現象は**エコーチェンバー**（共鳴する部屋）と呼ばれ、フェイクニュースの温床としても問題視されています [18]。意見が似た人からの情報は信じやすいだけでなく、極端な意見をもつほど周囲に似た意見をもつ人も多く、そういった情報に接触しやすいからです。

このような意見の極端化の緩和を目的とした研究もされており、「検索結果や推薦結果に、当人の好みとは異なった意見を提示する」などの試みがなされています。ところが効果はほとんど見られず、場合によっては逆効果となる場合もあり [19, 20]、この問題の解決にはまだまだ多くの課題があります。

10.5 ヘイトスピーチ対策システムが生み出してしまう差別

ユーザーが自身のコメントを投稿できるサービスにおいて事業者を悩ませるのが、一部の極端なユーザーによるヘイトスピーチの投稿です（Twitter [21, 22, 23]、Facebook [24]、Youtube [25]・ニュースサイト [26, 27, 28]・ABEMA [29] のコメント欄など）。

ヘイトスピーチは、憎悪の対象を精神的に傷つけたり、プライバシーの侵害など嫌がらせという直接的な被害をもたらすだけでなく、「ヘイトスピーチを見た人の偏見を強めてしまう」「差別的なことをいってよいという規範を作ってしま

う」という間接的な悪影響もあります。また、憎悪の対象の人でなくとも、ヘイトスピーチを見ることは気分のいいものではありません。

そのため、多くのサービスでは、利用規約で差別的な投稿を禁止し、その規約に基づいて、ヘイトスピーチの削除やその投稿者のアカウントの凍結などの対策をとっています。ヘイトスピーチの削除やアカウント凍結のためには、通常の投稿のなかからヘイトスピーチを検出する必要があります。そのため、ヘイトスピーチ検出について、ユーザーの投稿データを用いた研究が多くなされています。

ところが、このヘイトスピーチ検出アルゴリズムがヘイトスピーチ被害者の投稿を制限しかねないこと、つまり「ヘイトスピーチ被害者の投稿をヘイトスピーチとして検出してしまう」ことが指摘されています [30, 31]。ヘイトスピーチ検出アルゴリズムは、投稿されたテキストからヘイトスピーチである可能性を推定するのですが、ヘイトスピーチ被害者が使いがちな単語や言い回しは、ヘイトスピーチにも含まれがちです。そのため、被害者の言葉をヘイトスピーチとして誤検出してしまうことがあるのです。たとえば、「中東系の移民に対するヘイトスピーチにはイスラム教という単語が含まれやすい」などです。また、あるコミュニティを侮辱するために使われていた単語（N ワード、クィアなど）がコミュニティ内でお互いのことを表す単語として使われることや、被差別対象の使いがちな言い回し（方言など）を使って彼らを馬鹿にするなど、さまざまな要因で相関が見られることになります。

このような誤検知は差別され抑圧されている人たちが声を上げることを阻害しかねないため、社会的に重要な課題です。一方で、機械学習などのデータを用いたアプローチは、とくに自然発生し続けるデータに対して適用した場合は、精度 100% を実現することは不可能であり、また抑圧された人々の多くはマイノリティであるため、誤検知率が低くとも影響が少ないとはいえません。

この課題を解決するための研究もなされており、たとえばマイクロソフトのバジャティヤらは、ステレオタイプバイアスが含まれやすい単語のタイプをカテゴリに置き換えることで、精度に大きな影響を与えずバイアスを軽減できることを示しました [31]。ステレオタイプバイアスが含まれやすい単語のタイプとは、人名や地名などです。こういった悪意ある問題行動の検出と、投稿削除やアカウント凍結などの対策は、問題行動をするユーザーとサービス運営者とのイタチごっ

こになりがちです。そのため、対策を施すだけでなく、常にどのような検知と対応を行っているかを監視し、健全な検知が行われているか確認し続ける必要があります。

10.6 ステレオタイプの強化

社会に存在するデータから学習する機械学習モデルは、社会の偏りもモデルに取り込んでしまいます。多くの検索エンジンでは、キーワードを入力して検索すると、検索キーワードに関係した広告が表示されます。このとき黒人に多い名前を入力すると、その人に犯罪歴がないにもかかわらず、逮捕された可能性を示唆するような広告が表示されやすいことが指摘されています [32]。具体的には、名前や居住地を入力するとその人の犯罪歴などの身辺調査をする Web サイトがあり、その広告が文言「〇〇は逮捕されたことがある？」（〇〇には検索した名前が入る）といった形で表示されます。これはインターネット広告の最適化によって起きたものです。

広告主は、広告表示用の文言テンプレートを複数登録します。このテンプレートに検索キーワードを埋め込むことで、実際に表示される広告の文言が自動で作成されます。文言テンプレートと検索キーワード、ここでは人名は、さまざまな組み合わせで表示されます。そして、そのデータをもとに、広告クリック率が最も高くなるように表示確率が最適化されます。その結果の 1 つが、黒人名と犯罪歴示唆の文言というわけです。社会の偏見がインターネット広告の最適化を通じて表に出てきた例といえるでしょう。たとえば、採用面接対象の名前を検索したときに逮捕歴が示唆されるような広告が出ることは、直接的にネガティブな影響を与えうるものです。

ほかにも、ある言語の文章を他言語に自動で翻訳してくれる機械翻訳システムは便利ですが、ジェンダーに偏った結果を出力することで知られています [33, 34]。たとえば医者が主語の場合は三人称は he、看護師が主語の場合は she といったように、文章には性別の情報がないにもかかわらず性別が指定されてしまいます。また、現実の職業の偏り度合いに比べて、機械翻訳の結果の偏りはより大きいことが指摘されています [34]。

私たちは、生活のうえで得るさまざまな情報から、いつのまにかステレオタイ

プや偏見を学んでしまいます。そして私たちは、パーソナルデータを含むさまざまなデータを活用したシステムを、日々生活のうえで利用しています。検索エンジンを使わない、インターネット広告をまったく見ない生活を送ることは、難しいと思われます。このような環境において、上述のようなシステムの振る舞いは、我々のステレオタイプを強化しうるものです。ステレオタイプは偏見や差別のベースを構成する信念 [35] であるため、日々の生活のなかでステレオタイプが無意識に強化されていく環境は望ましくありません。近年ではシステムの偏りを外部から検証する試みもあり [7]、パーソナルデータにかぎらず、データを利活用するシステムを開発・利用する際にも十分注意するべきでしょう。

10.7　マイクロターゲティングの弊害

マイクロターゲティングとは、パーソナルデータを分析し、その人の信条・趣味嗜好・行動を推定し、それに合わせたアプローチ（広告など）をすることです。インターネット広告では、入稿する際に、プラットフォームが用意した「年齢性別・興味関心・位置情報」などの属性を指定することができます。この属性情報は、各個人のアクセス履歴など、さまざまな情報を利用してプラットフォームが作成したものです。これを利用することで、誰でも政治的な主張を特定の人に配信することができます。

　さらに、政治的な主張を含む広告の内容を、広告受信者の性格に合わせて変えることによって、受信者を説得しやすくできます [36]。また、位置情報も、広告受信者の性質を利用した政治的広告に使うことができます（**ジオプロパガンダ**）[37]。たとえば、教会に出入りした人には宗教的なメッセージを、病院を訪問した人には反ワクチンメッセージを表示する、などです。

　このような政治広告のパーソナライズによって、人々が異なる政治的メッセージに接触しやすくなるため、**社会的リアリティ**（社会に対するイメージ）[38] の共有がしづらくなるという問題があります。そうなると「なにが重要な争点なのか？」「なにが正しいのか？」という問題意識自体を共有することが難しく、建設的な議論がしづらくなってしまうため、社会の分断化につながります [39]。また、外部から観察しづらい形で個別に広告を配信できることは、一般には受け入れられないような偏ったメッセージを配信しやすいということであり、より意見

の極端化・社会の分断化を促してしまいます。また、そういった分断化された極端な意見の人々が集ったコミュニティは、フェイクニュースが蔓延する温床にもなります [18]。このような問題はプラットフォームも問題視しており、各社は政治や社会問題に関する広告について制限を設けています[*4]。

10.8 おわりに

　ここまで見てきたように、パーソナルデータを利用したシステムは、その性質上、社会に思わぬ副作用を及ぼしてしまうことがあります。多くの場合、システムを提供した組織は、こういった副作用を意図して起こしてはいないでしょう。とくにヘイトスピーチ対策システムは、差別に対抗しようとして開発されているものです。しかしながら、結果として副作用が発生してしまうこともあります。最初に挙げた偏りのフィードバックループは、パーソナルデータ利活用の本質的な構造でもあり、また、パーソナルデータ利活用システムのしくみはすでに私たちの生活やそれを支えるビジネスに不可欠になっているため、本章で紹介した問題の解決は容易ではありません。

　一方で、多くの人がパーソナルデータ利活用システムを利用しているということは、偏りのフィードバックループを発生させず、利便性・収益性を損なわない形[*5]で偏りを減らすようなアルゴリズムが実現できれば、インターネット普及以前よりも偏りを減らすことができるかもしれません。このような社会の問題を発見し解消していくための強力なツールとすることも、パーソナルデータ利活用のこれからの方向性なのかもしれません。

　20世紀に大きな発展を遂げた自然科学は、原子爆弾という大量破壊兵器を生み出してしまいました。その反省から科学者は戦後、核廃絶や平和を訴え活動するようになりました。最後に、そのうちの一人である朝永振一郎先生の言葉を引用してこの章を終えたいと思います。

---

*4　たとえば、Google: https://support.google.com/adspolicy/answer/6014595、Facebook: https://www.facebook.com/business/help/167836590566506?id=288762101909005、Twitter: https://business.twitter.com/ja/help/ads-policies/ads-content-policies/political-content.html。

*5　これが実現できなければ、ビジネスとして採用されず、多くの人にも使われないでしょう。

科学そのものにはよい、悪いはなく、これを使用する目的や方法に問題があると
する考え方は誤ってはいないと思うが、科学そのものと科学の使用とを明確に区
別することは、考えられたものは何でも作るという状況では難しいことである。
むしろ科学はそれ自身のなかに毒を含んだもので、それが薬にもなりうると考え
てはどうか。そして、人間は毒のある科学を薬にして生き続けねばならないとす
れば、科学をやたらには使いすぎることなく、副作用を最小限に留めるように警
戒していくことが必要なのではあるまいか。

朝永振一郎著『物理学とは何だろうか 下』p.230

参考文献

[1] 児玉直美 (2017) 「差別とは 経済学の観点から」、『日本労働研究雑誌』、第680巻、61–63頁。

[2] 山口一男 (2007)「男女の賃金格差解消への道筋：統計的差別に関する企業の経済的非合理性について」、Technical report、独立行政法人経済産業研究所、07–J–038頁、URL：https://www.rieti.go.jp/jp/publications/dp/07j038.pdf。

[3] James Vincent. (2018) "Amazon reportedly scraps internal AI recruiting tool that was biased against women", 10, URL: https://www.theverge.com/platform/amp/2018/10/10/17958784/ai-recruiting-tool-bias-amazon-report.

[4] Karen Hao. (2020) "An AI hiring firm says it can predict job hopping based on your interviews", 7, URL: https://www.technologyreview.com/2020/07/24/1005602/ai-hiring-promises-bias-free-job-hopping-prediction/.

[5] Ana-Andreea Stoica, Christopher Riederer, and Augustin Chaintreau. (2018) "Algorithmic Glass Ceiling in Social Networks", in *Proceedings of the 2018 World Wide Web Conference on World Wide Web - WWW '18*, pp. 923–932, NY, USA: ACM Press, DOI: 10.1145/3178876.3186140.

[6] 日本経済新聞 (2019) 「フェイスブック、ターゲット広告見直し 差別批判受け」、URL：https://www.nikkei.com/article/DGXMZO42691460Q9A320C1000000/。

[7] Ronald E. Robertson, David Lazer, and Christo Wilson. (2018) "Auditing the Personalization and Composition of Politically-Related Search Engine Results Pages", in *Proceedings of the 2018 World Wide Web Conference on World Wide Web - WWW '18*, pp. 955–965, NY, USA: ACM Press, DOI: 10.1145/3178876.3186143.

[8] Desheng Hu, Ronald E. Robertson, Shan Jiang, and Christo Wilson. (2019) "Auditing the partisanship of Google search snippets", in *The Web Conference 2019 - Proceedings of the World Wide Web Conference, WWW 2019*, pp. 693–704, NY, USA: Association for Computing Machinery, Inc, 5, DOI: 10.1145/3308558.3313654.

[9] Huyen Le, Raven Maragh, Brian Ekdale, Andrew High, Timothy Havens, and Zubair Shafiq. (2019) "Measuring Political Personalization of Google News Search", in *The World Wide Web Conference*, pp. 2957–2963, NY, USA: Association for Computing Machinery (ACM), 5, DOI: 10.1145/3308558.3313682.

[10] Robert Epstein and Ronald E Robertson. (2015) "The search engine manipulation effect (SEME) and its possible impact on the outcomes of elections.", *Proceedings of the National Academy of Sciences of the United States of America*, Vol. 112, No. 33, pp. 4512–21, 8, DOI: 10.1073/pnas.1419828112.

[11] Robert Epstein, Ronald E. Robertson, David Lazer, and Christo Wilson. (2017) "Suppressing the Search Engine Manipulation Effect (SEME)", *Proceedings of the ACM on Human-Computer Interaction*, Vol. 1, No. CSCW, pp. 1–22, 11, DOI: 10.1145/3134677.

[12] Gueorgi Kossinets and Duncan J. Watts. (2009) "Origins of homophily in an evolving social network", *American Journal of Sociology*, Vol. 115, No. 2, pp. 405–450, 9, DOI: 10.1086/599247.

[13] Mike Thelwall. (2009) "Homophily in MySpace", *Journal of the American Society for Information Science and Technology*, Vol. 60, No. 2, pp. 219–231, 2, DOI: 10.1002/asi.20978.

[14] Alvin Chin, Bin Xu, and Hao Wang. (2013) "Who should i add as a "Friend"? A study of friend recommendations using proximity and homophily", in *Proceedings of the 4th International Workshop on Modeling Social Media: Mining, Modeling and Recommending 'Things' in Social Media, MSM 2013*, pp. 1–7, NY, USA: ACM Press, DOI: 10.1145/2463656.2463663.

[15] Lada A. Adamic and Natalie Glance. (2005) "The political blogosphere and the 2004 U.S. Election: Divided they blog", in *3rd International Workshop on Link Discovery, LinkKDD 2005 - in conjunction with 10th ACM SIGKDD International Conference on Knowledge Discovery and Data Mining*, pp. 36–43, NY, USA: Association for Computing Machinery, Inc, 8, DOI: 10.1145/1134271.1134277.

[16] Yeon-Ok Lee and Han Woo Park. (2010) "The Reconfiguration of E-Campaign Practices in Korea", *International Sociology*, Vol. 25, No. 1, pp. 29–53, 1, DOI: 10.1177/0268580909346705.

[17] Michael Conover, Jacob Ratkiewicz, Matthew Francisco, Bruno Gonçalves, Filippo Menczer, and Alexssandro Flammini. (2011) "Political Polarization on Twitter", in *Proceedings of the Fifth International AAAI Conference on Weblogs and Social Media*, pp. 89–96, URL: https://www.aaai.org/.

[18] 笹原和俊 (2018)『フェイクニュースを科学する: 拡散するデマ、陰謀論、プロパガンダのしくみ』、化学同人、URL：https://www.amazon.co.jp/dp/4759816798。

[19] Nabeel Gillani, Ann Yuan, Martin Saveski, Soroush Vosoughi, and Deb Roy. (2018) "Me, My Echo Chamber, and I: Introspection on Social Media Polarization", in *Proceedings of the 2018 World Wide Web Conference on World Wide Web - WWW '18*, pp. 823–831, NY, USA: ACM Press, DOI: 10.1145/3178876.3186130.

[20] Christopher A. Bail, Lisa P. Argyle, Taylor W. Brown, et al. (2018) "Exposure to opposing views on social media can increase political polarization", *Proceedings of the National Academy of Sciences of the United States of America*, Vol. 115, No. 37, pp. 9216–9221, 9, DOI: 10.1073/pnas.1804840115.

[21] 高史明 (2015)『レイシズムを解剖する』、勁草書房。

[22] Kevin Munger. (2017) "Tweetment Effects on the Tweeted: Experimentally Reducing Racist Harassment", *Political Behavior*, Vol. 39, No. 3, pp. 629–649, 9, DOI: 10.1007/s11109-016-9373-5.

[23] Ozge Ozduzen, Umut Korkut, and Cansu Ozduzen. (2020) "'Refugees are not welcome': Digital racism, online place-making and the evolving categorization of Syrians in Turkey", *New Media & Society*, p. 146144482095634, 9, DOI: 10.1177/1461444820956341.

[24] Jozef Miškolci, Lucia Kováčová, and Edita Rigová. (2020) "Countering Hate Speech on Facebook: The Case of the Roma Minority in Slovakia", *Social Science Computer Review*, Vol. 38, No. 2, pp. 128–146, 4, DOI: 10.1177/0894439318791786.

[25] Ariadna Matamoros-Fernández. (2017) "Platformed racism: the mediation and circulation of an Australian race-based controversy on Twitter, Facebook and YouTube", *Information, Communication & Society*, Vol. 20, No. 6, pp. 930–946, 6, DOI: 10.1080/1369118X.2017.1293130.

[26] Jaime Loke. (2012) "Public Expressions of Private Sentiments: Unveiling the Pulse of Racial Tolerance through Online News Readers' Comments", *Howard Journal of Communications*, Vol. 23, No. 3, pp. 235–252, 7, DOI: 10.1080/10646175.2012.695643.

[27] Summer Harlow. (2015) "Story-Chatterers Stirring up Hate: Racist Discourse in Reader Comments on U.S. Newspaper Websites", *Howard Journal of Communications*, Vol. 26, No. 1, pp. 21–42, 1, DOI: 10.1080/10646175.2014.984795.

[28] 慶鎬 (2017)『インターネット上におけるコリアンに対するレイシズムと対策の効果：Yahoo!ニュースのコメントデータの計量テキスト分析』、応用社会学研究＝The Journal of Applied Sociology：立教大学社会学部研究紀要、第59巻、113–127頁。

[29] Masanori Takano, Fumiaki Taka, Soichiro Morishita, Tomosato Nishi, and Yuki Ogawa. (2021) "Three clusters of content-audience associations in expression of racial prejudice while consuming online television news", *PLOS ONE*, Vol. 16, No. 7, p. e0255101, 7, DOI: 10.1371/JOURNAL.PONE.0255101.

[30] Maarten Sap, Dallas Card, Saadia Gabriel, Yejin Choi, and Noah A. Smith. (2019) "The Risk of Racial Bias in Hate Speech Detection", in *Proceedings of the 57th Annual Meeting of the Association for Computational Linguistics*, pp. 1668–1678, Stroudsburg, PA, USA: Association for Computational Linguistics, DOI: 10.18653/v1/P19-1163.

[31] Pinkesh Badjatiya, Manish Gupta, and Vasudeva Varma. (2019) "Stereotypical bias removal for hate speech detection task using knowledge-based generalizations", in *The Web Conference 2019 - Proceedings of the World Wide Web Conference, WWW 2019*, pp. 49–59, NY, USA: Association for Computing Machinery, Inc, 5, DOI: 10.1145/3308558.3313504.

[32]　Latanya Sweeney. (2013) "Discrimination in online ad delivery", *Communications of the ACM*, Vol. 56, No. 5, pp. 44–54, 5, DOI: 10.1145/2447976.2447990.

[33]　Gabriel Stanovsky, Noah A. Smith, and Luke Zettlemoyer. (2019) "Evaluating Gender Bias in Machine Translation", in *Proceedings of the 57th Annual Meeting of the Association for Computational Linguistics*, pp. 1679–1684, Stroudsburg, PA, USA: Association for Computational Linguistics, DOI: 10.18653/v1/P19-1164.

[34]　Marcelo O.R. Prates, Pedro H. Avelar, and Luís C. Lamb. (2020) "Assessing gender bias in machine translation: a case study with Google Translate", *Neural Computing and Applications*, Vol. 32, No. 10, pp. 6363–6381, 5, DOI: 10.1007/s00521-019-04144-6.

[35]　Shinji Higaki and Yuji Nasu eds. (2020) "Quantitative and Theoretical Investigation of Racism in Japan: A Social Psychological Approach", Cambridge University Press.

[36]　Brahim Zarouali, Tom Dobber, Guy Pauw, and Claes Vreese. (2020) "Using a Personality-Profiling Algorithm to Investigate Political Microtargeting: Assessing the Persuasion Effects of Personality-Tailored Ads on Social Media", *Communication Research*, pp. 1–26, 10, DOI: 10.1177/009365022096 1965.

[37]　Samuel Woolley. (2020) "Political operatives are targeting propaganda by location", URL: https://www.brookings.edu/techstream/political-operatives-are-targeting-propaganda-by-location/.

[38]　池田謙一 (1993)　『社会のイメージの心理学—ぼくらのリアリティはどう形成されるか』、サイエンス社。

[39]　小林哲郎 (2012)　「ソーシャルメディアと分断化する社会的リアリティ」、『人工知能学会誌』、第27巻、第1号、51–58頁。

索　引

よくわかるパーソナルデータの教科書

2022 年 7 月 20 日　　第 1 版第 1 刷発行

編 著 者	森下壮一郎
著　　者	高野雅典・多根悦子・鈴木元也
発 行 者	村上和夫
発 行 所	株式会社 オーム社
	郵便番号　101-8460
	東京都千代田区神田錦町 3-1
	電話　03(3233)0641(代表)
	URL　https://www.ohmsha.co.jp/

© 森下壮一郎・高野雅典・多根悦子・鈴木元也 2022

印刷・製本　三美印刷
ISBN978-4-274-22865-0　Printed in Japan

本書の感想募集　https://www.ohmsha.co.jp/kansou/
本書をお読みになった感想を上記サイトまでお寄せください。
お寄せいただいた方には、抽選でプレゼントを差し上げます。